Wissenschaftliche Reihe Fahrzeugtechnik Universität Stuttgart

Reihe herausgegeben von

André Casal Kulzer, Stuttgart, Deutschland

Hans-Christian Reuss, Stuttgart, Deutschland

Andreas Wagner, Stuttgart, Deutschland

Das Institut für Fahrzeugtechnik Stuttgart (IFS) an der Universität Stuttgart forscht interdisziplinär sowie technologieoffen an modernen und zukunftsorientierten Fahrzeugkonzepten. In enger Zusammenarbeit mit Partnern aus Industrie und Wissenschaft entstehen neue Lösungen für die Mobilität der Zukunft. Das Institut gliedert sich in drei spezialisierte Lehrstühle, die gemeinsam das gesamte Spektrum der Fahrzeugtechnik abdecken: Der **Lehrstuhl für Fahrzeugantriebssysteme** widmet sich der Forschung nachhaltiger Antriebslösungen für künftige Mobilitätskonzepte. Im Fokus stehen alternative, elektrische sowie hybride Antriebssysteme und deren Komponenten – einschließlich der Nutzung nachhaltiger Energieträger wie Wasserstoff, synthetischer Kraftstoffe und Batterien. Der **Lehrstuhl für Kraftfahrzeugmechatronik** beschäftigt sich mit vernetzten, intelligenten und adaptiven Fahrzeugen. Im Zentrum stehen Fragestellungen zum Automatisierten und Vernetzten Fahren, Diagnose, Ladetechnologien, verteilte Systeme sowie softwarebasierte Fahrzeugfunktionen. Der **Lehrstuhl für Kraftfahrwesen** erforscht die physikalischen Grundlagen der Auslegung zukünftiger Fahrzeugkonzepte. Im Mittelpunkt stehen die Bereiche Aerodynamik, Windkanaltechnik, Akustik/NVH, Fahrzeugdynamik, Reifenmanagement und Thermomanagement Gesamtfahrzeug. Das IFS verfügt über eine vielfältige und hochmoderne Forschungsinfrastruktur, die realitätsnahe Untersuchungen vom Einzelbauteil bis zum Gesamtfahrzeug ermöglicht. Besonders hervorzuheben sind der Multikonfigurations- und Antriebsprüfstand für komplexe Antriebskonzepte, der Stuttgarter Fahrsimulator zur Untersuchung menschlichen Fahrverhaltens, der Aeroakustik-Fahrzeugwindkanal für akustische und strömungstechnische Fragestellungen sowie der Thermowindkanal zur Analyse thermischer Prozesse im Gesamtfahrzeug. Die wissenschaftliche Reihe „Fahrzeugtechnik Universität Stuttgart“ dokumentiert die im Rahmen von Promotionen am IFS entstandene Beiträge zur Mobilität der Zukunft und zeigt deren thematische Vielfalt, methodische Tiefe und Praxisrelevanz.

Reihe herausgegeben von
Prof. Dr.-Ing. André Casal Kulzer
Lehrstuhl für Fahrzeugantriebssysteme
Institut für Fahrzeugtechnik Stuttgart
Universität Stuttgart
Stuttgart, Deutschland

Prof Dr.-Ing. Andreas Wagner
Lehrstuhl für Kraftfahrwesen
Institut für Fahrzeugtechnik Stuttgart
Universität Stuttgart
Stuttgart, Deutschland

Prof. Dr.-Ing. Hans-Christian Reuss
Lehrstuhl für
Kraftfahrzeugmechatronik
Institut für Fahrzeugtechnik Stuttgart
Universität Stuttgart
Stuttgart, Deutschland

Tim Martini

Emulation der Straßenerprobung zur Parametrierung und Evaluierung kausaler regelbasierter Betriebsstrategien

Ein datengetriebener Ansatz

Springer Vieweg

Tim Martini
IFS, Fakultät 7, Lehrstuhl für
Fahrzeugantriebssysteme
Universität Stuttgart
Stuttgart, Deutschland

Zugl.: Dissertation Universität Stuttgart, 2026
D93

ISSN 2567-0042 ISSN 2567-0352 (electronic)
Wissenschaftliche Reihe Fahrzeugtechnik Universität Stuttgart
ISBN 978-3-658-52930-7 ISBN 978-3-658-52931-4 (eBook)
https://doi.org/10.1007/978-3-658-52931-4

Die Deutsche Nationalbibliothek verzeichnet diese Publikation in der Deutschen Nationalbibliografie; detaillierte bibliografische Daten sind im Internet über https://portal.dnb.de abrufbar.

Planung/Lektorat: Deborah Priß
Springer Vieweg ist ein Imprint der eingetragenen Gesellschaft Springer Fachmedien Wiesbaden GmbH und ist ein Teil von Springer Nature.
Die Anschrift der Gesellschaft ist: Abraham-Lincoln-Str. 46, 65189 Wiesbaden, Germany

Vorwort

Die vorliegende Arbeit entstand während meiner Tätigkeit als wissenschaftlicher Mitarbeiter am Labor Fahrzeugantrieb der Hochschule Esslingen im Rahmen eines kooperativen Forschungsprojekts mit der Mercedes-AMG GmbH und der Universität Stuttgart.

Mein herzlichster Dank gilt Herrn Prof. Dr.-Ing. André Casal Kulzer für die Unterstützung meiner Forschungsarbeit sowie der Übernahme des Hauptreferats. Besonders danke ich Herrn Prof. Dr.-Ing. Michael Auerbach für die gemeinsame Initiierung des Projekts und den wertvollen Austausch in den vergangenen Jahren. Ferner danke ich Herrn Prof. Dr.-Ing. Hans-Christian Reuss für die Übernahme des Mitberichts.

Für die Ermöglichung meiner Forschungsarbeit möchte ich Herrn Dr.-Ing. Moritz Stockmeier, Herrn Jochen Schmitz und Herrn Florian Friz danken. Meinen langjährigen Mentoren, Herrn Dr.-Ing. Florian Winke, Herrn Dr.-Ing. André Kempf und Herrn Markus Wüstner, bin ich für die vielen Stunden des Austauschs und der Diskussion sehr dankbar. Eure Unterstützung hat maßgeblich zum Gelingen dieser Arbeit beigetragen. Außerdem danke ich sämtlichen Kolleginnen und Kollegen der Mercedes-AMG sowie den Studierenden für die spannende Zusammenarbeit und die jederzeit verfügbare Unterstützung. Die angenehme Arbeitsatmosphäre unserer Kooperation habe ich sehr geschätzt.

Meiner Familie danke ich von Herzen für ihre Geduld, ihr Verständnis und ihren beständigen Zuspruch während der gesamten Promotionszeit. Besonderer Dank gilt meiner Frau Jana, die mir mit unerschütterlicher Geduld und Rückhalt den Freiraum für die Anfertigung dieser Arbeit ermöglicht hat.

Esslingen am Neckar

Tim Martini

Inhaltsverzeichnis

Abbildungsverzeichnis

Tabellenverzeichnis

Abkürzungsverzeichnis

AP	Arbeitspunktniveau
API	Application Programming Interface
CDF	Cumulative Distribution Function
DRL	Deep Reinforcement Learning
E-Fahrt	Elektrische Fahrt
ECMS	Equivalent Consumption Minimization Strategy
EM	Elektrische Maschine
GA	Genetischer Algorithmus
LHD	Latin-Hypercube-Design
LHS	Latin-Hypercube-Sampling
MEA	Multikriterielle Entscheidungsanalyse
MT	Micro-Trip
PDS	Programm- und Datenstand
PEP	Produktentwicklungsprozess
PSO	Partikelschwarmoptimierungsalgorithmus
RPA	Relative Positiv Acceleration
SiL	Software-in-the-Loop
STS	Serienäquivalentes Testszenario
VM	Verbrennungsmotor
WLTC	Worldwide Harmonised Light Vehicles Test Cycle
XiL	X-in-the-Loop

Symbolverzeichnis

Lateinische Buchstaben		
d	Distanz	[km]
$\mathcal{d}$	Euklidische Distanz	[-]
d_j^*	Gütekriterium	[-]
D	relative Entropie	[Nat]
$\bar{D}$	Zielfunktionswert Stimuliberechnung	[Nat]
$\mathcal{D}$	Diskrepanz	[-]
E_G	Gesamtenergie	[Ws]
EP_1	Startkennfeld Verbrennungsmotor	[W]
EP_2	Verzögerungskennlinie Segelmodus	[s]
EP_3	Leistungskennfeld E-Fahrtmodus	[W]
$\mathcal{f}$	relative Wahrscheinlichkeitsfunktion	[-]
FP	Fahrpedalstellung	[-]
$\mathcal{F}$	kumulative Verteilungsfunktion	[-]
G_{SoC}	Gradient Ladezustand EP_1 und EP_3	[%/Index]
G_v	Gradient Geschwindigkeit EP_1 und EP_3	[%/Index]
H	Häufigkeitsverteilung	[-]
i	Zählvariable	[-]
$\mathcal{i}$	Stützstellen Ladezustand $EP_{1/3}$	[-]
ID	Micro-Trip-Identifikationsnummern	[-]
$\mathcal{I}$	Indikatorfunktion	[-]
j	Zählvariable	[-]
$\mathcal{j}$	Stützstellen Geschwindigkeit $EP_{1/3}$	[-]
k	Anzahl Einzelfahrten und Tests	[-]
l	Zählvariable	[-]
ℓ	Stützstellen Geschwindigkeit EP_2	[-]
L	Liste Micro-Trip-IDs	[-]
$\mathcal{M}$	Menge der aggregierten Daten	[s, W]
n	Anzahl Micro-Trips	[-]

n	Umfang Stichprobe	[-]
N	Anzahl	[-]
$\mathcal{N}$	Umfang Grundgesamtheit	[-]
p	Quantilswert	[-]
$\mathcal{p}$	Übergangswahrscheinlichkeit	[-]
P	Wahrscheinlichkeit	[-]
P_M	Übergangsmatrix	[-]
$\mathcal{P}$	Leistung	[W]
Q_{EP1}	Basisquantil Startkennfeld Verbrennungsmotor	[-]
Q_{EP2}	Basisquantil Verzögerungskennlinie Segelmodus	[-]
Q_{EP3}	Basisquantil Leistungskennfeld E-Fahrtmodus	[-]
R^2	Bestimmtheitsmaß lineare Regression	[-]
RB_1	Häufigkeitsverteilung Fahrtdistanzen	[-]
RB_2	Häufigkeitsverteilung Umgebungstemperaturen	[-]
RB_3	Häufigkeitsverteilung Ladezustände Fahrtbeginn	[-]
RPA	Relative-Positiv-Acceleration-Index	[m/s³]
SoC	Ladezustand Traktionsbatterie	[-]
t	Zeit	[s]
T	Dauer	[s]
T_{FP0}	Zeiten mit Fahrpedalstellung null	[s]
v	Geschwindigkeit	[m/s, km/h]
V_{KS}	Kraftstoffverbrauch	[ml]
$\dot{V}$	Volumenstrom	[ml/s]
Z_{fS}	Zustartfrequenz	[1/s]

Griechische Buchstaben

Γ	Grundgesamtheit	[-]
Γ_n	Stichprobe	[-]
ΔE_{Bat}	Elektrische Energiebilanz	[Wh]
Λ	Kraftstoffäquivalenzfaktor	[ml/Wh]
ρ	Beobachtete Häufigkeitsverteilung	[-]
σ	Vergleichsverteilung	[-]

Indizes

a	Beschleunigung
DB	Datenbasis
DK	Distanzklassen
EF	Elektrische Fahrt
$FP0$	Fahrpedalstellung null Prozent
j^+	Ideale Lösung
j^-	Anti-ideale Lösung
KS	Kraftstoff
M	Multikriterielle Menge
$\mathcal{P}$	Leistung
RB	Randbedingung
s	Steigung
v	Geschwindigkeit
VD	Verzögerungsdauer
VM	Verbrennungsmotor

Zusammenfassung

Die Effizienz und der Fahrkomfort einer regelbasierten Betriebsstrategie sind maßgeblich von den zur Auslegung eingesetzten Anwendungsfällen abhängig. Im etablierten Entwicklungsparadigma wird das System im Straßenversuch in möglichst serienrelevantem Betrieb getestet, evaluiert und an den realen Fahrbetrieb adaptiert. Angestrebte kürzere Entwicklungszeiten führen bei einer steigenden Softwarekomplexität jedoch zu einem Spannungsfeld. Um Entwicklungsaktivitäten bereits frühzeitig im Produktentwicklungsprozess durchzuführen und einen möglichst konstanten Reifegradanstieg der Betriebsstrategie zu erreichen, sind neue Methoden notwendig.

Im Rahmen der vorliegenden Arbeit wird eine Datenstrategie zur Emulation der Straßenerprobung und einer kundenfokussierten Betriebsstrategieentwicklung vorgestellt. Zur Verlagerung der explorativen Natur des Straßenversuchs in Software-in-the-Loop-Simulationen werden Methoden zur Berechnung von probabilistischen, serienäquivalenten Testszenarien basierend auf Belastungskollektiven aus Kundenfahrzeugen entwickelt. Die Testszenarien beschreiben 2.900 Kilometer serienäquivalenten Betrieb aufgeteilt auf 189 Einzelfahrten entsprechend den im Serienbetrieb auftretenden Fahrtdistanzen. Die Emulation der Straßenerprobung ermöglicht die Bestimmung synthetischer Stichproben des zu entwickelnden Systems. Auf Grundlage der Inferenzstatistik wird ein generischer Parametrierungsansatz zur Komplexitätsreduktion entworfen und zur Parametrierung ausgewählter Betriebsstrategiefunktionen eingesetzt. Im Rahmen einer datengetriebenen sowie einer optimierungsbasierten Parametrierung wird die Leistungsfähigkeit der Datenstrategie aufgezeigt und ein Vergleich zwischen einer hohen Datennutzung und dem Einsatz eines metaheuristischen Optimierungsverfahrens durchgeführt.

Die entwickelte Methode ermöglicht innerhalb von 80 Stunden Simulationszeit die Untersuchung des serienrelevanten Wertebereichs ausgewählter Parameter sowie die Definition eines kundenfokussierten Datenstands. Im aufgezeigten Beispiel wird basierend auf Software-in-the-Loop-Simulationen bei näherungsweise konstantem Kraftstoffverbrauch eine Komfortsteigerung gegenüber einem im Fahrzeug parametrierten Entwicklungsdatenstand erreicht.

Die in serienäquivalenten Testszenarien simulativ berechneten Eigenschaften werden im Rahmen einer Validierung im realen Straßenversuch bestätigt.

Die durchgeführte Parametrierung zeigt neben der Anwendung der entwickelten Methodik eine erfolgreiche Anpassung der Betriebsstrategieparameter an den realen Straßenbetrieb basierend auf Software-in-the-Loop-Simulationen. Es wird die Verlagerung von Entwicklungsaktivitäten in Simulationen und in frühere Phasen des Produktentwicklungsprozesses ermöglicht, sodass in der Phase der Straßenerprobung ausreichend Zeit zur finalen Parametrierung und der Erprobung von Extremsituationen zur Verfügung steht.

Abstract

The total energy required for a journey from A to B depends significantly on the vehicle's speed. When calculating the energy balance, it is necessary to take into account not only the drive power delivered to the wheels, but also the power losses in the powertrain. Consequently, the drive power increases due to the conversion and transmission losses of the powertrain. The internal combustion engine is responsible for the majority of these losses. In a conventional vehicle, the operating point of the internal combustion engine is defined by the current driving demand. In contrast, a hybrid vehicle is equipped with multiple propulsion units within its powertrain, thereby providing degrees of freedom in fulfilling driving demands. The energy management system plays a pivotal role in managing total energy consumption, as it functions as a high-level control system. It is responsible for the coordination of the propulsion units. The resulting key task – coordinating energy conversion to meet driving demands – must be carried out whilst adhering to the constraints of efficiency, comfort, and emissions compliance, and whilst taking into account physical limitations and service life requirements.

Chapter 2 provides an overview of energy requirements during vehicle operation, various hybrid configurations, and a classification of possible energy management strategies. Moreover, it offers an exposition of the underlying principles. This is followed by a discussion of multi-criteria optimisation problems, before the chapter concludes with an overview of the established paradigm for testing developed energy management systems for use in a vehicle control unit.

In the established development paradigm, the system is subjected to road testing to replicate the conditions of in-service operation as closely as possible. In the development phase of road testing the system is evaluated and adapted to real-world driving conditions. However, the observed trends of decreasing development cycles and increasing system complexity generate a field of conflicts. New methods are required to facilitate a shift-left in development activities with the objective of achieving a continuous increase in maturity of the system's energy management. X-in-the-loop approaches are utilised as a fundamental method to facilitate a shift-left of development activities. These approaches are utilised to test and validate designed systems prior to their actual implementation. As the test scenarios used in development, alongside the model fidelity of a system, significantly influence the quality of the energy management strategy, Chapter 3 analyses the state of the art in driving profile synthesis and classifies the approaches into equivalent data and customer-based data synthesis. Chapter 3.2 then presents known research on the calibration of rule-based energy management strategies.

In Chapter 4, the present work proposes a data strategy for emulating road testing and developing customer-focused energy management strategies. In order to shift the exploratory nature of road testing to software-in-the-loop simulations, methods are developed to calculate probabilistic, customer-equivalent test scenarios based on aggregated data from customer vehicles. The emulation of road testing enables the determination of synthetic samples of the system under development. Based on inferential statistics, a generic calibration approach for complexity reduction is designed. To this end, the data from the synthetic samples is aggregated in a parameter-specific manner, and quantiles are used to translate subjective requirements. The utilisation of the aggregated data facilitates the calculation of system-specific physical values for calibration based on data from customer-equivalent operation. In order to facilitate evaluation and to counteract test-scenario-specific development, modified software or parameter sets are simulated in varying test scenarios.

To test, adapt, and evaluate a system in a targeted manner for its intended application, the aim during the product development process is to create a representative simulation of in-service operation. In real-world road testing, this is achieved by having development vehicles participate in public road traffic, and by testing extreme conditions. To shift development steps from road testing to earlier phases of the product development process, defined scenarios are required for testing in software-in-the-loop simulations. In order to increase customer focus, data documented from customer vehicles is used in this work as reference for determining test scenarios.

At the beginning of Chapter 5, the challenge of using customer data as a database source is highlighted, along with a distinction from measurements taken during test drives. The utilisation of existing data sources is presented with the objective of maximising the insights gained from the data. This is achieved by means of an algorithm developed for driving profile synthesis. The function of this algorithm is to filter customer-relevant driving situations from a database of test drives. In order to take into account not only concatenated driving profiles but also the driving distances, Chapter 5.3 presents a method for subdividing a concatenated driving profile into individual trips, corresponding to driving distances observed in service between two ignition cycles. The creation of test scenarios entails the supplementation of individual trips with the ambient temperatures and initial state of charge values of the traction battery observed in service. The calculated test scenarios represent 2,900 kilometres of customer-equivalent operation, subdivided into 189 individual trips, corresponding to the driving characteristics observed during in-service operation. Utilising the software-in-the-loop configuration and the available computing resources, 2,900 kilometres of customer-equivalent operation can be simulated within a timeframe of eight hours.

The emulation of road testing represents an early-stage, exploratory form of testing. In contrast to conventional road testing, where manual control of the vehicle is employed, this approach utilises the speed profiles of test scenarios as a framework for automated driving. In software-in-the-loop simulations, this facilitates the execution of a substantial number of tests in an efficient manner. Moreover, statistical inference enables the prediction of system behaviour during future in-service operation.

The data strategy outlined enables the development of a customer-focused energy management strategy. The process for the underlying data-driven calibration is described in Chapter 6. In hybrid vehicles, the state of charge of the traction battery has a significant influence on system behaviour. Based on customer data, the test cases of a scenario in Section 5.3 are assigned to the operating modes charge-sustaining and charge-depleting. As the initial state of charge of the traction battery depends not only on the customer's external charging behaviour, but also on the system-specific final state of charge, typical initial states of charge for the system under development are determined in Section 6.1 for charge-sustaining and charge-depleting operation. In order to compensate for an imbalance in the initial and final states of charge of the traction battery, a fuel equivalent is calculated for the electrical energy that is used and stored.

As an example, three parameters of the electric drive control system are examined, with the aim of achieving the best possible balance between efficiency and comfort. The electric drive control system is an integral component of the energy management system of a performance hybrid vehicle. As outlined in Section 6.2, a schematic overview of the function is provided. The demonstration of parameter characterisation by means of the generic calibration approach is presented for the selected parameters. By implementing fundamental principles for the operation of the internal combustion engine in a hybrid vehicle, the number of physical values that require calibration can be reduced from 196 to 5. Global and local sensitivity analysis are carried out to define customer-oriented parameter sets for the defined requirements. The evaluation of a parameter set is conducted by comparing it across four test scenarios with a parameter set calibrated in real-world road testing. An objective evaluation is facilitated by means of a multi-criteria decision analysis. The employment of data-driven calibration facilitates the systematic identification of correlations and the well-founded definition of parameter sets. In addition, the evaluation of various customer-equivalent test scenarios enables the identification of potential for further improvement, thereby contributing to the early enhancement of the maturity level of the energy management strategy.

The data-driven calibration method has been developed for system analysis and for the efficient definition of initial parameter sets in the early stages of the product development process. The sequential approach is based on the process established in the vehicle. The analysis of a parameter identifies suitable parameter values that are appropriate for the tested parameter set. However, further modification of parameter values results in suboptimal outcomes. Motivated by the sequential modification of parameter values within the context of data-driven calibration, Chapter 7 investigates the simultaneous modification of parameter values using a metaheuristic optimisation method. The utilisation of software-in-the-loop simulations and the implementation of extensive, customer-equivalent test scenarios impose considerable demands on computing power. Consequently, a distributed setup is selected for the optimisation calculation, and the scope of the test scenarios is adapted to align with the optimisation calculation. Utilising the generic calibration approach, a parameter set adapted to in-service operation can be calculated within only a few days of simulation time.

Within the framework of data-driven and optimisation-based calibration, the performance of the data strategy is demonstrated, and a comparison is conducted between an intensive data usage approach and a metaheuristic optimisation method. It demonstrates both the challenges of optimisation-based calibration and the capabilities of data-driven calibration. While the optimisation algorithm has access to less system feedback in comparison to data-driven calibration, it presents the opportunity for the simultaneous modification of multiple parameter values. Conversely, data-driven calibration has been shown to yield satisfactory outcomes through the sequential modification of parameter values, utilising substantial data.

In order to validate the results from the software-in-the-loop simulations, a comparison was made between the calibrated parameter set and a development parameter set that had been calibrated within the vehicle during road testing, by utilising on-road test routes. The results are summarised in Chapter 8. The utilisation of on-road test routes constitutes an efficient approach to the validation of results. They are easily accessible and accurately reflect the overall system and prevailing environmental influences. However, the variation in environmental influences makes it difficult to reproduce the results. Five distinct routes were tested, with each route being repeated between two and four times. The total distance covered by each parameter set was 125.6 kilometres. The findings indicate a successful transfer of the trends identified in software-in-the-loop simulations to real-world road testing.

The developed method enables the investigation of the customer-relevant value range of the considered parameters within 80 hours of simulation time, as well as a customer-focused definition of a parameter set. In the example presented, an enhancement in comfort at approximately constant fuel consumption is achieved in comparison to a development parameter set calibrated within the vehicle, by utilising software-in-the-loop simulations. The characteristics identified in simulation under customer-equivalent test scenarios are confirmed in road testing. In addition to demonstrating the developed method, this work presents the successful adaptation of the energy management strategy to real-world conditions based on software-in-the-loop simulations. This enables the shift of development activities to simulations in earlier phases of the product development process, thereby ensuring sufficient time in the road-testing phase for final calibration and testing under extreme conditions.

1 Einleitung

In modernen Gesellschaften stellt Mobilität eine grundlegende Voraussetzung für das öffentliche Leben dar. Die Verfügbarkeit effizienter Transportmöglichkeiten beeinflusst dabei maßgeblich die Dynamik der Wirtschaft [1, 2]. Im Jahr 2023 entfielen in Deutschland mehr als 600 Terawattstunden Endenergienutzung auf den Verkehrssektor [3]. Der Nettoenergieaufwand für den Transport von Waren oder Personen steht dabei im direkten Zusammenhang zu gefahrenen Geschwindigkeiten (s. Kapitel 2). Ergänzende Kriterien wie die Effizienz der Energiewandlung im Fahrzeug definieren die benötigte Gesamtmenge an Energie, die für den Transport von A nach B mit einem System notwendig ist.

In einem konventionellen Fahrzeug wird die benötigte Antriebsleistung stets vom Verbrennungsmotor (VM) bereitgestellt, wodurch dieser häufig in ungünstigen Betriebspunkten belastet wird. Zudem wird zur aktiven Verzögerung die kinetische Energie des Fahrzeugs durch die Betriebsbremse in Wärme umgewandelt. Um gegenüber konventionellen Fahrzeugen die benötigte Gesamtenergie für Fahrten zu senken, wird der Antriebsstrang eines *Hybridfahrzeugs* um elektrische Maschinen (EM) und eine Traktionsbatterie erweitert. Zum einen können hierdurch die Betriebspunkte des Verbrennungsmotors beeinflusst und zum anderen kinetische Energie des Fahrzeugs rückgewandelt und zu einem späteren Zeitpunkt für den Antrieb eingesetzt werden. Für einen effizienten Betrieb ist dabei eine korrekte Funktionsweise des Antriebsstrangs entscheidend. Je besser ein System auf Anwendungsfälle abgestimmt ist, desto effizienter kann es betrieben werden [4]. Es gilt, die Regelung eines Antriebsstrangs möglichst robust zu gestalten, damit ein angestrebtes Systemverhalten in einem breiten Spektrum an Anwendungsfällen gewährleistet wird. Vorhandene Freiheitsgrade sind dabei von der *Betriebsstrategie* zu regeln. Die Betriebsstrategie übernimmt die Gesamtkoordination der Antriebsaggregate. Die resultierende Hauptaufgabe, die Koordination der Energieumwandlung zur Erfüllung des Fahrerwunschs, gilt es unter den Randbedingungen Effizienz, Komfort und Emissionskonformität sowie unter Berücksichtigung physikalischer Grenzen und Lebensdaueranforderungen zu erfüllen [5, 6].

T. Martini, *Emulation der Straßenerprobung zur Parametrierung und Evaluierung kausaler regelbasierter Betriebsstrategien*, Wissenschaftliche Reihe Fahrzeugtechnik Universität Stuttgart, https://doi.org/10.1007/978-3-658-52931-4_1

Wechselwirkungen zwischen Aggregaten und verschiedenen Komponentensteuerungen erfordern zur Entwicklung der Betriebsstrategie eine ganzheitliche Betrachtung des Antriebsstrangs, die im realen Fahrzeug am besten gewährleistet werden kann [7, 8]. Vor dem Hintergrund der Abbildungsgüte des Systems und eines anwendungsspezifischen Energiebedarfs wird das Testen, Adaptieren und Evaluieren der Betriebsstrategie unter zu erwartenden und möglichen Anwendungsfällen des Fahrzeugs in der Entwicklungsphase der Straßenerprobung durchgeführt. Neben funktionsspezifischen Tests wird das System im Alltagsbetrieb sowie unter Extrembedingungen getestet. Der Straßenversuch dient dabei der kundennahen Erprobung und der Adaption der Betriebsstrategie an den späteren Serieneinsatz. Zahlreiche Entwicklungsaufgaben sind in dieser Entwicklungsphase angesiedelt, womit dem Straßenversuch im Bereich der Betriebsstrategieentwicklung eine elementare Bedeutung zukommt [9]. Eine steigende Softwarekomplexität, angestrebte kürzere Entwicklungszeiten sowie eine limitierte Anzahl an Versuchsfahrzeugen führen jedoch zu einem Spannungsfeld. Tests und Adaptionen an den Realfahrbetrieb werden in der finalen Projektphase innerhalb eines zeitlich und ressourcenseitig eingeschränkten Rahmens durchgeführt, womit ein Zielkonflikt zwischen Entwicklungsgeschwindigkeit und Entwicklungsqualität entsteht.

Zur Lösung dieses Spannungsfelds wird eine Verlagerung von Entwicklungsaktivitäten in frühere Phasen des Produktentwicklungsprozesses (PEP) und eine kontinuierliche Steigerung des Softwarereifegrads angestrebt. Im Rahmen der vorgestellten Arbeit wird eine Datenstrategie zur frühzeitigen Emulation der Straßenerprobung entwickelt. Hierzu werden die heutigen Serienlasten einer Fahrzeugbaureihe als Referenz für die Baureihe von morgen im Entwicklungsprozess implementiert. Unter der Verwendung von Belastungskollektiven wird eine Methode zur Filterung von Versuchsmessfahrten für die Synthese von serienäquivalenten Ersatzfahrprofilen entworfen. Durch eine Abbildung der *explorativen Natur* des Straßenversuchs in *Testszenarien* kann das Systemverhalten bereits in frühen Phasen des PEP im serienäquivalenten Betrieb getestet, adaptiert und evaluiert werden. Auf der Grundlage von synthetischen Stichproben wird zur Komplexitätsreduktion der Betriebsstrategieparametrierung ein generischer Parametrierungsansatz entwickelt und zur datengetriebenen sowie optimierungsbasierten Parametrierung eingesetzt. Das Ziel der vorgestellten Methodik ist es, Programm- und Datenstände bereits vor der Phase der Straßenerprobung an den späteren Serienbetrieb zu adaptieren, damit der ressourcenintensive Straßenversuch effizent für die finale Parametrierung und Erprobung von Extremsituationen genutzt werden kann. Die entwickelten Methoden und Ansätze werden exemplarisch anhand der kausalen regelbasierten Betriebsstrategie eines *Plug-In-Performance-Hybridfahrzeugs* und der Verwendung von *Software-in-the-Loop* (SiL)-Simulationen angewandt. Zur Validierung der Übertragbarkeit der Ergebnisse wird ein definierter Datenstand im realen Straßenversuch getestet.

Die folgenden Veröffentlichungen enthalten Auszüge aus der vorliegenden Arbeit:

- MARTINI, Tim ; WINKE, Florian ; ARNOLD, Manuel ; SCHMITZ, Jochen ; AUERBACH, Michael ; BARGENDE, Michael ; KULZER, André Casal: *Methodik und Tools zur Betriebsstrategieentwicklung für Performance-Hybride*. In: *9. AutoTest Technical Conference*. Stuttgart, 2022
- MARTINI, Tim ; KEMPF, André ; AUERBACH, Michael ; KULZER, André Casal: *A Method and a Set of Tools for Automated Evaluation and Aggregation of Test Data*. In: *10. AutoTest Technical Conference*. Stuttgart, 2024
- MARTINI, Tim ; KEMPF, André ; AUERBACH, Michael ; KULZER, André Casal: A Method and a Set of Tools for In-Service Operation Emulation. In: ÖCHSNER, Andreas (Hrsg.): *Collaborative Research Advancing Engineering Solutions for Real-World Challenges 2*. Cham : Springer Nature Switzerland, 2025, S. 50–59
- MARTINI, Tim ; KEMPF, André ; WINKE, Florian ; AUERBACH, Michael ; KULZER, André Casal: *Road Test Emulation: A Data-Driven Calibration Approach*. SAE Technical Paper. 2025 (2025-01-0521)

2 Grundlagen

In der vorgestellten Arbeit werden unter dem Begriff *Hybrid* Antriebsstrangtopologien und Fahrzeuge verstanden, die zwei Energiespeicher nutzen: einen Flüssigkraftstofftank sowie einen elektrochemischen Speicher, der als *Traktionsbatterie* oder *Batterie* bezeichnet wird. Des Weiteren sind ein Verbrennungsmotor und mindestens eine elektrische Maschine als Energiewandler Teil des Antriebsstrangs. Die Verfügbarkeit mehrerer Antriebsaggregate ermöglicht in Abhängigkeit der Antriebsstrangtopologie variierende Betriebsmodi zur Beeinflussung des Energiebedarfs des Systems [6].

2.1 Energiebedarf im Fahrbetrieb

Zur Regelung eines Hybridfahrzeugs sind die Leistungsflüsse im Antriebsstrang von entscheidender Bedeutung. Die Antriebsleistung $\mathcal{P}_A$ am Rad wird durch das Zusammenwirken der Antriebsaggregate bereitgestellt. Die benötigte Antriebsleistung wird durch die mit der Fahrzeuggeschwindigkeit multiplizierten Fahrwiderstandskräfte infolge von Beschleunigungen sowie von Steigungs-, Roll- und Luftwiderstandskräften bestimmt [6, 10]. Die Berechnung für eine Fahrgeschwindigkeit $v(t)$ erfolgt nach Gleichung 2.1. Die Widerstandsleistungen der ersten drei Terme steigen proportional zur Geschwindigkeit an, während die Luftwiderstandsleistung in Abhängigkeit zur dritten Potenz der Geschwindigkeit steht [1].

$$\mathcal{P}_A(t) = \mathcal{P}_B(v(t)) + \mathcal{P}_S(v(t)) + \mathcal{P}_R(v(t)) + \mathcal{P}_L(v(t)^3) \qquad \text{Gl. 2.1}$$

mit: $\mathcal{P}_B$ = Leistung aus Beschleunigungswiderstand [W], $\mathcal{P}_S$ = Leistung aus Steigungswiderstand [W], $\mathcal{P}_R$ = Leistung aus Rollwiderstand [W], $\mathcal{P}_L$ = Leistung aus Luftwiderstand [W], v = Geschwindigkeit [m/s], t = Zeit [s]

T. Martini, *Emulation der Straßenerprobung zur Parametrierung und Evaluierung kausaler regelbasierter Betriebsstrategien*, Wissenschaftliche Reihe Fahrzeugtechnik Universität Stuttgart, https://doi.org/10.1007/978-3-658-52931-4_2

Ergänzend zur bereitgestellten Antriebsleistung am Rad müssen die Verlustleistungen des Antriebsstrangs zur Energiebilanzierung berücksichtigt werden. Entsprechend wird die Antriebsleistung um die Umwandlungs- und Übertragungsverluste der Antriebsaggregate erhöht. Der größte Anteil wird hierbei durch den Verbrennungsmotor verursacht. Abbildung 2.1 zeigt ein schematisches Kennfeld für den spezifischen Kraftstoffverbrauch. Die Ordinate repräsentiert das Drehmoment; die Abszisse repräsentiert die Drehzahl. Die eingezeichneten Leistungshyperbeln werden in Abschnitt 2.2.1 erläutert. Das Kennfeld zeigt sowohl mit der Drehzahl als auch mit dem Drehmoment und folglich mit gefahrenen Geschwindigkeiten und Beschleunigungen einen variierenden spezifischen Kraftstoffverbrauch des Verbrennungsmotors. Entsprechend wird der Gesamtenergiebedarf in verschiedenen Fahrsituationen in Abhängigkeit von den resultierenden Betriebspunkten unterschiedlich stark durch den Antriebsstrang beeinflusst [4].

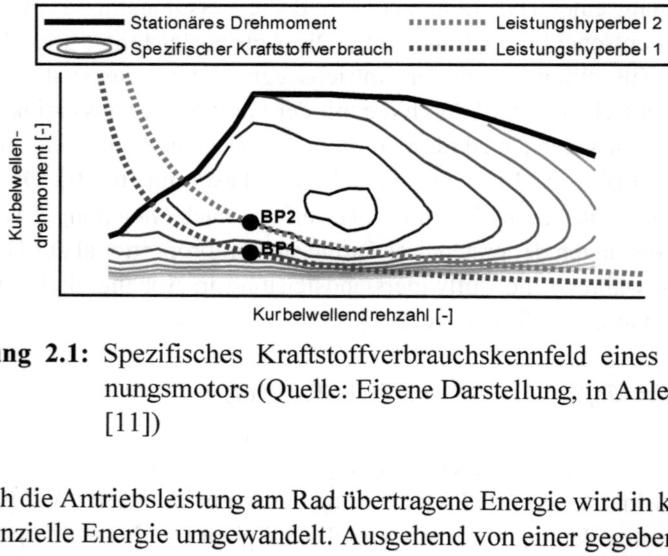

Abbildung 2.1: Spezifisches Kraftstoffverbrauchskennfeld eines Verbrennungsmotors (Quelle: Eigene Darstellung, in Anlehnung an [11])

Die durch die Antriebsleistung am Rad übertragene Energie wird in kinetische und potenzielle Energie umgewandelt. Ausgehend von einer gegebenen Fahrzeuggeschwindigkeit und Höhenlage kann bei einer Verzögerung des Fahrzeugs unter Berücksichtigung erneut auftretender Antriebsstrang- und Fahrwiderstandsverluste eine Rückwandlung in elektrische Energie erfolgen. Hierdurch kann die Traktionsbatterie geladen und somit der Energiebedarf reduziert werden. Zusätzlich wird die benötigte Energie für eine Fahrt durch die

Leistung von Nebenverbrauchern beeinflusst. Der Gesamtenergiebedarf E_G wird nach Gleichung 2.2 berechnet [6]. Zur Berücksichtigung des anwendungsspezifischen Energiebedarfs wird in Kapitel 5 eine möglichst repräsentative Abbildung der im späteren Serienbetrieb auftretenden Antriebsleistungen fokussiert.

$$E_G = \int_{t_0}^{t_1} [\mathcal{P}_A(v(t)) + \mathcal{P}_V(v(t)) - \mathcal{P}_{Reku}(v(t)) + \mathcal{P}_{NV}(t)]\, dt \qquad \text{Gl. 2.2}$$

mit: $\mathcal{P}_A$ = Antriebsleistung [W], $\mathcal{P}_V$ = Leistungsverluste Antriebsstrang [W], $\mathcal{P}_{Reku}$ = Leistung aus Rekuperation [W], $\mathcal{P}_{NV}$ = Leistung von Nebenverbrauchern [W], v = Geschwindigkeit [m/s], t = Zeit [s]

2.2 Fahrzeugkonzeption

Die Effizienz eines Systems wird sowohl von der Regelung als auch durch die Topologie des Antriebsstrangs beeinflusst. Wichtige Parameter sind hierbei die Anzahl, Positionen und Verschaltungen der elektrischen Maschinen sowie die resultierenden Freiheitsgrade zur Bereitstellung der Antriebsleistung.

2.2.1 Hybridkonfigurationen

In Abhängigkeit der mechanischen Verbindungen von Verbrennungsmotor, elektrischen Maschinen und Rädern werden Hybridfahrzeuge nach Leistungsfluss klassifiziert. Es werden *serielle*, *parallele* und *leistungsverzweigte* Topologien unterschieden. Eine serielle Topologie ist durch eine fehlende mechanische Verbindung zwischen Verbrennungsmotor und Rädern gekennzeichnet. Zur Leistungsübertragung werden mindestens zwei elektrische Maschinen benötigt, wobei kurzzeitige Maximalleistungen von der Traktionsbatterie und der mechanisch mit den Rädern verbundenen Maschine bestimmt werden. Ein Vorteil des Konzepts ist eine flexible Wahl geeigneter Betriebspunkte des Verbrennungsmotors zur Steigerung der Effizienz, während eine weitere Energiewandlung zur Leistungsübertragung diesem Effekt entgegenwirkt. Parallele

Topologien vermeiden eine zusätzliche Energiewandlung durch eine mechanische Verbindung zwischen Verbrennungsmotor und Rädern. Speziell für höhere Lasten wird hierdurch eine Effizienzsteigerung ermöglicht, während die Drehzahlkoppelung im Teillastbetrieb nachteilig ist. Durch eine leistungsverzweigte Topologie kann die Drehzahl des Verbrennungsmotors wiederum von der Fahrzeuggeschwindigkeit entkoppelt werden. Als Basisanordnung werden zwei elektrische Maschinen über einen Planetenradsatz mit dem Verbrennungsmotor gekoppelt, wodurch die Leistung des Verbrennungsmotors aufgeteilt wird. Ein Teil wird über einen mechanischen Pfad an die Räder, ein anderer Teil über einen elektrischen Pfad zur Batterie geleitet. Während eine elektrische Maschine als Generator betrieben wird, kann eine Momentenaddition zwischen Verbrennungsmotor und der zweiten elektrischen Maschine erfolgen. In Abhängigkeit der benötigten Antriebsleistung können die elektrischen Maschinen Last und Drehzahl des Verbrennungsmotors variieren, sodass dieser in effizienten Arbeitspunkten betrieben wird. Nachteilig an dieser Topologie ist eine komplexe Regelung [5, 12, 13].

Neben der Klassifizierung nach allgemeinem Leistungsfluss können Antriebsstrangtopologien anhand der Positionen der elektrischen Maschinen unterschieden werden. Folgend werden exemplarisch die Basiskonzepte sowie mögliche Kombinationen paralleler Topologien erläutert. Nach gängiger Nomenklatur werden die Basiskonzepte anhand der Position einer elektrischen Maschine im Antriebstrang bezeichnet. Bei einer P1-Topologie ist die elektrische Maschine drehfest mit dem Verbrennungsmotor verbunden, während bei einer P2-Topologie die Abkoppelung durch ein Schaltelement ermöglicht wird. Eine Positionierung der elektrischen Maschine nach dem Getriebe entspricht einer P3-Topologie. Treiben Verbrennungsmotor und elektrische Maschinen jeweils Vorder- und Hinterachse ohne mechanische Kopplung im Antriebstrang an, wird die Konfiguration als P4-Topologie bezeichnet [5]. Die Basiskonzepte können durch eine Kombination von mehreren elektrischen Maschinen an verschiedenen Positionen im Antriebsstrang erweitert werden. Für die Kombination von zwei elektrischen Maschinen ergeben sich die in Tabelle 2.1 aufgezeigten Antriebstrangtopologien [14]. Zur systematischen Untersuchung, Auswahl und Dimensionierung von Hybridantriebsträngen wird die statistische Versuchsplanung [15, 16], Einschränkungen des Parameterraums [17] oder eine Fokussierung der Betriebsmodi [18] als Methoden zur Komplexitätsreduktion eingesetzt.

Tabelle 2.1: Parallele Hybridkonfigurationen (Quelle: Eigene Darstellung, in Anlehnung an [14])

Basiskonfigurationen	P1	P2	P3	P4
P1	-	P12	P13	P14
P2	-	-	P23	P24
P3	-	-	-	P34
P4	-	-	-	-

Die verschiedenen Betriebsmodi eines Hybridfahrzeugs resultieren aus den Freiheitsgraden des Antriebsstrangs zur Leistungserfüllung. In Abhängigkeit von der aktuellen Fahrsituation können Vorteile der jeweiligen Aggregate sowie die energetisch günstigste Wirkkette gezielt genutzt werden. Einzelne Betriebsmodi sind prinzipiell mit verschiedenen Antriebsstrangtopologien darstellbar, während das Hauptziel stets die Minimierung von Verlusten im Antriebsstrang zur Bereitstellung der Antriebsleistung ist [12]. Abbildung 2.2 visualisiert exemplarisch die qualitativen Leistungsflüsse für die Betriebsmodi *elektrische Fahrt* (E-Fahrt), *Rekuperation*, *Boosten* und *Lastpunkterhöhung* anhand einer P13-Topologie. Im Beispiel wird ausschließlich die elektrische Maschine mit der kürzeren Wirkkette eingesetzt. Der Leistungsfluss ist durch Pfeile gekennzeichnet. Für die elektrische Fahrt wird die Antriebsleistung vollständig von der Batterie und der elektrischen Maschine bereitgestellt. Zur Vermeidung von Schleppverlusten durch den Verbrennungsmotor wird dieser mittels Neutralgang oder Öffnen der Kupplung von den Rädern entkoppelt. Für Verzögerungsphasen bildet die Rekuperation das funktionale Gegenstück. Die angeforderte Verzögerungsleistung wird im Rahmen der Antriebstranggrenzen durch die elektrische Maschine abgebildet und die Traktionsbatterie geladen. Für Beschleunigungs- und Konditionierungsphasen wird im Betriebsmodus Boosten die Antriebsleistung auf den Verbrennungsmotor und die elektrische Maschine in P3-Anordnung aufgeteilt. Hierdurch wird eine höhere Dynamik des Systems oder die Einhaltung von Bauteilgrenzen ermöglicht. Um die Traktionsbatterie zusätzlich zur Rekuperation auch während Antriebsphasen zu laden, kann die Antriebsleistung synthetisch durch einen Generatorbetrieb der elektrischen Maschine in P1-Anordnung gesteigert und somit eine Lastpunkterhöhung realisiert werden [12].

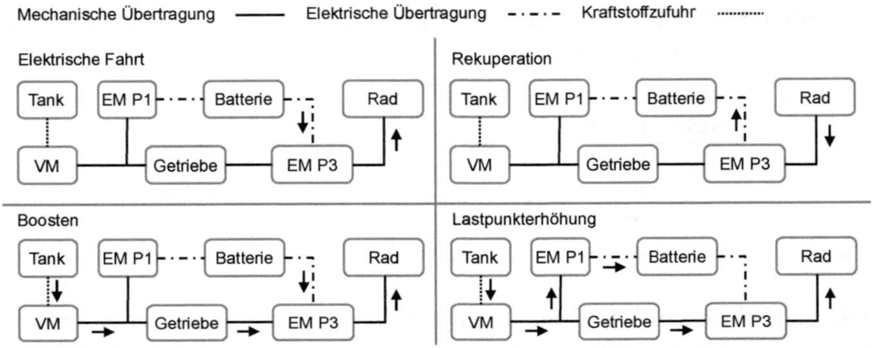

Abbildung 2.2: Leistungsfluss in verschiedenen Betriebsmodi einer P13-Antriebsstrangtopologie

In Abbildung 2.1 sind zwei Leistungshyperbeln mit jeweils einem Betriebspunkt des Verbrennungsmotors eingezeichnet. BP_1 kennzeichnet eine erforderliche Antriebsleistung. Wird die elektrische Maschine in P1-Anordnung als Generator betrieben, kann die Last des Verbrennungsmotors auf BP_2 erhöht werden. Für eine Effizienzbilanzierung der geladenen elektrischen Leistung ist der differenzielle Wirkungsgrad zwischen den Betriebspunkten entscheidend [11, 12]. Der Mehrverbrauch für zusätzliche Leistung kann basierend auf dem Modell der Willans-Linie bestimmt werden. Das Modell dient ursprünglich zur Bestimmung der Reibleistung und definiert das Verhältnis von zugeführtem Kraftstoff und abgegebener Leistung in stationären Betriebspunkten. Für den Teillastbereich ergibt sich ein näherungsweises lineares Verhältnis zwischen zusätzlich bereitgestelltem Drehmoment und zusätzlich benötigtem Kraftstoffverbrauch, während mit steigendem Drehmoment die Werte vom linearen Verhältnis abweichen [12]. Die zusätzliche Energie aus einer Lastpunkterhöhung wird unter Wandlungsverlusten zum Laden der Traktionsbatterie genutzt und kann im weiteren Verlauf für eine elektrische Fahrt oder zum Boosten eingesetzt werden. *Plug-In-Hybride* verfügen außerdem über die Möglichkeit die Traktionsbatterie extern zu laden. Typischerweise sind die Fahrzeuge mit einer höheren Batteriekapazität ausgestattet und ermöglichen dadurch längere elektrische Fahrzeiten. Nach Abbildung 2.3 werden zwei Betriebsarten in Abhängigkeit vom Ladezustand der Traktionsbatterie unterschieden [12]. Bei hohem Ladezustand der Batterie (*State of Charge*, SoC) wird durch einen überwiegend elektrischen Betrieb ein Entladen im sogenannten *Charge-Depleting-Betrieb* angestrebt. Erreicht die Traktionsbatterie ein definiertes *Arbeitspunktniveau* (AP), wird in den *Charge-Sustaining-Betrieb* gewechselt. Auf der Abszisse sind die Phasen des Depleting- und Sustaining-Betriebs eingezeichnet; auf der Ordinate ist der Ladezustand der Traktionsbatterie als relativer Wert dargestellt. Der *relative Ladezustand* ist dabei wie folgt definiert:

- 1 entspricht einer vollgeladenen Traktionsbatterie
- 0 entspricht dem Arbeitspunktniveau
- -1 entspricht einer entladenen Traktionsbatterie

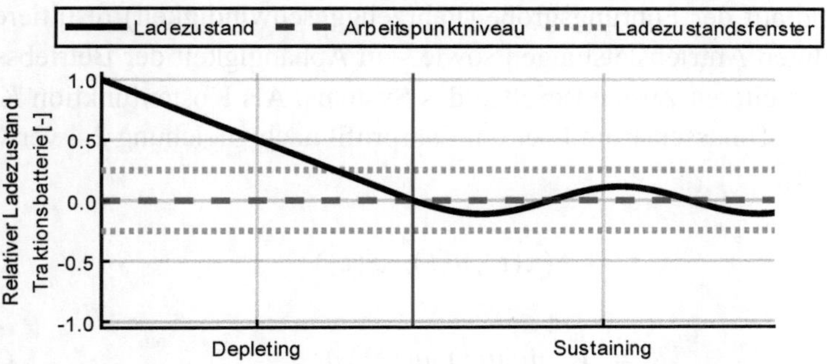

Abbildung 2.3: Depleting- und Sustaining-Betrieb in Abhängigkeit des Ladezustands der Traktionsbatterie (Quelle: Eigene Darstellung, in Anlehnung an [12])

Zusätzlich ist das *Ladezustandsfenster* für den Sustaining-Betrieb eingezeichnet. Dieses beschreibt die Grenzen, innerhalb derer der Batterieladezustand variieren kann. Hierbei liegt der Fokus auf einem energetisch stabilen Betrieb, also einem möglichst ausgeglichenen Verhältnis von Lade- und Entladevorgängen, sowie einem effizienten Einsatz des Verbrennungsmotors. Die erreichbare Gesamteffizienz des Systems ist dabei maßgeblich von der Betriebsstrategie und der situationsspezifischen Wahl der Betriebsmodi abhängig [5].

2.2.2 Betriebsstrategie

Die durch eine Hybridisierung entstehenden Freiheitsgrade im Antriebsstrang sind von der Betriebsstrategie zu koordinieren. Ziel der Betriebsstrategie ist es, neben der Bereitstellung der Antriebsleistung den Gesamtenergiebedarf für Fahrten zu reduzieren. Zusätzlich werden durch die Verteilung der Antriebsleistung und die gezielte Nutzung der Aggregate weitere Randbedingungen wie Komfort, Dynamik oder Emissionen beeinflusst. Betriebsstrategien können anhand ihrer Funktionsweise in optimierungsbasierte, lernende und regelbasierte Ansätze eingeteilt werden [5, 6, 19].

Optimierungsbasierte Ansätze

Zur Formulierung des Optimierungsproblems für die Regelung der Antriebsaggregate kann ein Hybridfahrzeug nach Gleichung 2.3 beschrieben werden. Basierend auf der Führungsgröße (Fahrzeuggeschwindigkeit) resultieren die notwendigen Antriebsleistungen sowie – in Abhängigkeit der Betriebsstrategie – die weiteren Zustandsgrößen des Systems. Als Kostenfunktion K kann der Kraftstoffmassenstrom über ein Fahrprofil nach Gleichung 2.4 verwendet werden [4].

$$\dot{x}(t) = f(x(t), u(t), w(t)) \qquad \text{Gl. 2.3}$$

$$K = \int_{t1}^{t2} \dot{m}(u(t), w(t))\, dt \qquad \text{Gl. 2.4}$$

mit: x = Zustandsgrößen des Systems, u = Regelgrößen, w = Führungsgröße, t = Zeit [s], $\dot{m}$ = Kraftstoffmassenstrom [g/s]

Zur Berechnung der global optimalen Lösungen gilt die *dynamische Programmierung* als zuverlässiges Standardverfahren. Zur Berechnung werden sowohl der Zustandsraum als auch die zeitliche Abfolge diskretisiert. Ausgehend von einem gewählten Endzustand wird nach dem *Optimalitätsprinzip von Bellmann* die optimale Regelung für sämtliche Zustände und Zeitschritte zur Minimierung der Kostenfunktion bestimmt. Auf Grundlage der benötigten a priori Information über die Fahrstrecke und der benötigten Rechenleistung ist die dynamische Programmierung ausschließlich für Offline-Anwendungen geeignet und dient häufig als Vergleich zur Evaluierung von Online-Strategien [4, 6, 19].

Eine analytische Lösung des Optimierungsproblems mit geringerem Rechenaufwand kann anhand des *Pontryaginschen Minimusprinzip*s erfolgen. Hierzu wird die *Hamilton-Funktion H* für die Leistungsaufteilung zwischen den Antriebsaggregaten nach Gleichung 2.5 formuliert. Im Unterschied zur dynamischen Programmierung wird das Optimierungsproblem nicht global, sondern lokal in jedem Zeitschritt und iterativ gelöst. Auf Grundlage der adjungierten Variablen λ für die Nutzung elektrischer Energie wird der effizienteste Zustand zum Zeitschritt t bestimmt. Die adjungierte Variable wird dabei fahrprofilspezifisch durch ein Schießverfahren definiert, womit a priori Kenntnisse für die Berechnung notwendig sind [6, 11].

$$H(SoC(t), \mathcal{P}_{El}(t), \lambda(t), \mathcal{P}_A(t)) = \dot{m}(\mathcal{P}_{El}(t), \mathcal{P}_A(t)) + \lambda(t) \cdot \dot{SoC}(t) \quad \text{Gl. 2.5}$$

$$\dot{m}_{äqv}(t) = \dot{m}(t) + \mu(t) \cdot \mathcal{P}_{El}(t) \cdot c(SoC) \quad \text{Gl. 2.6}$$

mit: SoC = Ladezustand der Batterie [-], $\mathcal{P}_{El}$ = elektrische Leistung [W], λ = adjungierte Variable [g], $\mathcal{P}_A$ = Antriebsleistung [W], $\dot{m}$ = Kraftstoffmassenstrom [g/s], $\dot{m}_{äqv}$ = äquivalenter Kraftstoffmassenstrom [g/s], μ = Vektor der Äquivalenzfaktoren [g/Ws], c = Korrekturfaktor [-], t = Zeit [s]

Für eine Anwendung im Fahrzeug kann alternativ ein heuristischer Ansatz eingesetzt werden. Die *Equivalent Consumption Minimization Strategy* (ECMS) basiert auf dem Grundgedanken, dass die genutzte Energie für eine Fahrt vollständig durch den Kraftstoff bereitgestellt wird und die Traktionsbatterie ausschließlich als Pufferspeicher fungiert. Zur Effizienzbewertung des Einsatzes elektrischer Energie werden Äquivalenzfaktoren genutzt, womit das in Gleichung 2.6 dargestellte Verfahren einem ähnlichen Prinzip wie die analytische Lösung nach Gleichung 2.5 folgt. Die fahrprofilspezifische adjungierte Variable wird durch gemittelte Äquivalenzfaktoren für das Laden und Entladen ersetzt. Aufgrund der fehlenden a priori Informationen im Fahrzeug werden offline möglichst repräsentative Äquivalenzfaktoren definiert und im Fahrzeug anhand eines Korrekturfaktors an den aktuellen Systemzustand angepasst. Entsprechend variiert die Lösungsgüte der ECMS mit der Güte der Äquivalenzfaktoren [6, 19, 20].

Lernende Ansätze

Als weitere Möglichkeit zur Regelung hybrider Antriebsstränge können lernende Ansätze eingesetzt werden. Ein häufig genutzter Ansatz ist das *deep reinforcement learning* (DRL) [21]. Hierbei lernt ein *Agent* eine Entscheidungsstrategie, um basierend auf Zuständen Aktionen auszuführen. Zur Beschreibung des Systems wird beispielsweise der Zustandsvektor x nach Gleichung 2.7 verwendet [22]. Für das Erlernen einer Betriebsstrategie wird der Agent offline anhand einer Datenbasis von Fahrprofilen trainiert, wobei die Anpassung der Gewichte des neuronalen Netzes auf Grundlage einer Belohnungsfunktion erfolgt [23]. Als Belohnungsfunktion kann die Kraftstoffeinsparung der aktuellen Strategie gegenüber einer Referenz implementiert werden [24].

$$x(t) = \{v(t), M_A(t), SoC(t)\} \qquad \text{Gl. 2.7}$$

mit: v = Fahrzeuggeschwindigkeit [km/h], M_A = Antriebsmoment [Nm], SoC = Ladezustand der Batterie [-]

Basierend auf der erlernten Entscheidungsstrategie ermöglicht ein trainierter Agent eine kausale Steuerung im Fahrzeugsteuergerät. Die erreichbare Regelgüte steht dabei in hoher Abhängigkeit zu den bei der Entwicklung genutzten Fahrsituationen. Bei der Verwendung von repräsentativen Trainingsdaten können robuste Regelungen erreicht werden [19, 21, 22, 24].

Regelbasierte Ansätze

Regelbasierte Betriebsstrategien zählen zu den ersten Ansätzen zur Regelung von Hybridfahrzeugen. Die Regeln werden basierend auf Systemkenntnissen definiert und zur Entscheidungsfindung im Steuergerät implementiert. Definierte Strategien weisen dabei eine hohe Transparenz und Nachvollziehbarkeit auf [4, 6]. Als Eingangsgrößen werden angeforderte Antriebsleistungen und aktuelle Systemzustände verwendet. Basierend auf offline definierten Regeln findet im Steuergerät keine Optimierung statt, womit die Ansätze geringe Anforderungen an die verfügbare Rechenleistung aufweisen. Stattdessen werden Schwellenwerte in Form von Kennfeldern und Kennlinien implementiert [9, 19] Die Aufteilung der Antriebsleistung auf die Antriebsaggregate wird üblicherweise in zwei Teilentscheidungen untergliedert: elektrische oder hybride Fahrt und die Höhe der Lastpunktverschiebung. Die Wahl der elektrischen Fahrt wird dabei durch Kennfelder mit Leistungsschwellen für das Starten und Abschalten des Verbrennungsmotors abgebildet; die Höhe der Lastpunktverschiebung wird durch Kennfelder mit definierten Drehmomenten definiert [5, 11]. Entsprechend hängt die Regelgüte im Fahrzeug stark von den zur Parametrierung genutzten Basisdaten ab und die notwendige Definition der Schwellenwerte führt zu einem hohen Parametrierungsaufwand [1, 25]. Zur kundenfokussierten Parametrierung wird die Betriebsstrategie in Kapitel 6 datenbasiert auf den Serienbetrieb abgestimmt. Zur Reduktion des Parametrierungsaufwands können Optimierungsrechnungen zur Bestimmung der Kennfelder und Kennlinien eingesetzt werden.

2.3 Optimierungsprobleme

Zur Regelung des Antriebsstrangs werden neben der Effizienz weitere Kriterien wie Fahrkomfort, Emissionen und Fahrdynamik des Systems berücksichtigt. Im Allgemeinen wird bei der Berücksichtigung mehrerer Kriterien eine multikriterielle Zielfunktion f_M aus den Kenngrößen f_K gebildet. Das zu lösende multikriterielle Optimierungsproblem wird nach Gleichung 2.8 beschrieben. Zulässige Lösungen sind dabei Teil der Menge M [26].

Auf Grundlage der Pareto-Optimalität existiert keine eindeutige Lösung für ein multikriterielles Optimierungsproblem. Maßnahmen zur Optimierung einzelner Kriterien können konträre Auswirkungen auf andere Kriterien haben. Wird ein multikriterieller Optimierungsalgorithmus eingesetzt, werden Lösungen einer Pareto-Front approximiert. Gegenüber gefundenen Lösungen der Pareto-Menge existieren keine Lösungen, die beispielsweise den Fahrkomfort weiter verbessern, ohne die Effizienz des Systems zu verschlechtern [23]. Die Pareto-optimalen Lösungen werden a posteriori evaluiert und die Variante ausgewählt, die den besten Kompromiss der Kriterien abbildet (s. Abbildung 2.4) [27].

$$\min_{\vec{x}\in\mathbb{R}^N} \quad f_M(\vec{x}) = \left(f_{K,1}(\vec{x}), f_{K,2}(\vec{x}), \dots, f_{K,m}(\vec{x})\right) \qquad \text{Gl. 2.8}$$

$$\text{sodass } \vec{x} \in M$$

$$M := \{\vec{x} \in \mathbb{R}^N \mid B_{ub,i}(\vec{x}) \leq 0, i = 1,2,\dots,Un\,, B_{G,j}(\vec{x}) = 0, j = 1,2,\dots,Gn\}$$

mit: f_K = Kenngrößen, $\vec{x}$ = Vektor der Entscheidungsvariablen, N = Anzahl der Entscheidungsvariablen, m = Anzahl an Kenngrößen, M = zulässige Menge, B_{ub} = Ungleichungsbedingungen, Un = Anzahl Ungleichungsbedingungen, B_G = Gleichungsbedingungen, Gn = Anzahl Gleichungsbedingungen

Eine weitere Möglichkeit stellt die a priori Evaluierung der Kenngrößen f_K dar. Sind Präferenzen bereits vor der Optimierungsrechnung bekannt, kann das multikriterielle Optimierungsproblem in ein einkriterielles Optimierungsproblem transformiert werden. Als geläufiges Verfahren wird in Gleichung 2.9 die gewichtete Summe zur Formulierung des einkriteriellen Optimierungsproblems genutzt. Basierend auf der definierten Zielfunktion f_w wird anhand eines einkriteriellen Optimierungsalgorithmus eine eindeutige Lösung für das formulierte Problem berechnet [23, 26, 28].

$$\min_{\vec{x}\in\mathbb{R}^N} \quad f_w(\vec{x}) = \sum_{l=1}^{m} w_l \cdot f_{K,l}(\vec{x}), \qquad w_l \geq 0, \sum_{l=1}^{m} w_l = 1 \qquad \text{Gl. 2.9}$$

$$\text{sodass } \vec{x} \in M$$

$$M := \{\vec{x} \in \mathbb{R}^N \mid B_{ub,i}(\vec{x}) \leq 0, i = 1,2,\dots,Un, B_{G,j}(\vec{x}) = 0, j = 1,2,\dots,Gn\}$$

mit: f_K = Kenngrößen, w_l = Gewichtungen , $\vec{x}$ = Vektor der Entscheidungsvariablen, N = Anzahl der Entscheidungsvariablen, m = Anzahl an Kenngrößen, M = zulässige Menge, B_{ub} = Ungleichungsbedingungen, Un = Anzahl Ungleichungsbedingungen, B_G = Gleichungsbedingungen, Gn = Anzahl Gleichungsbedingungen

Neben analytischen Lösungen stellen metaheuristische Optimierungsverfahren einen Ansatz dar, um Optimierungsprobleme effizient und mit hinreichender Genauigkeit zu lösen. Da die global optimale Lösung nicht garantiert werden kann, ist es das Ziel, diese effizient zu approximieren. Wichtige Kenngrößen der Algorithmen sind die lokalen Sucheigenschaften (*Exploitation*) und der Grad der Diversifikation (*Exploration*) zur globalen Analyse des Parameterraums [23].

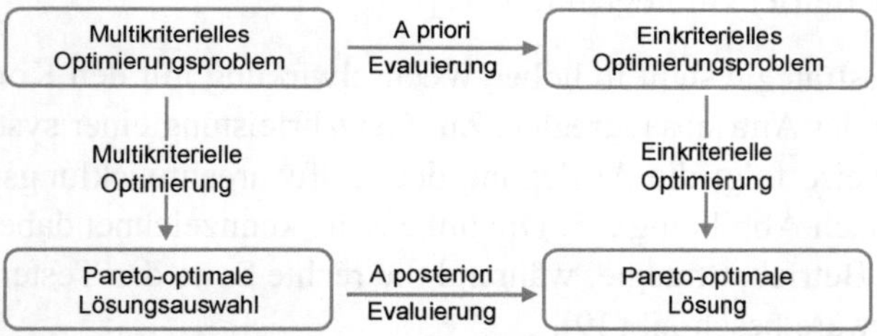

Abbildung 2.4: Multikriterielle und einkriterielle Lösung multikriterieller Optimierungsprobleme (Quelle: Eigene Darstellung in Anlehnung an [27, 28])

Zur Sicherstellung einer korrekten Implementierung der Betriebsstrategie werden die entworfenen Programm- und Datenstände intensiv getestet.

2.4 Softwaretests

Allgemein kann das Testen in eine statische und eine dynamische Analyse unterteilt werden. Der statische Teil umfasst die Analyse des Quellcodes ohne eine Ausführung des Programms. Für eine dynamische Analyse wird der Code unter möglichst repräsentativen Betriebsbedingungen ausgeführt. Das dynamische Testen stellt ein Stichprobenverfahren dar, bei dem Einzelfälle geprüft werden, wodurch das Nichtvorhandensein eines Fehlers im untersuchten Einzelfall nachgewiesen werden kann. Das Testen dient hierbei als methodischer Ansatz zur Fehlerfindung. Zusätzlich kann durch das Ausführen des Codes die Qualität und Robustheit der entwickelten Software bestimmt werden. Software kann jedoch nicht vollständig getestet werden. Es gilt, je besser die Testdurchdringung ist, desto geringer ist die Wahrscheinlichkeit für das Auftreten von Fehlern im Serienbetrieb. Für eine zielgerichtete Nutzung von Ressourcen sollten Testfälle nach Risiko und Praxisrelevanz priorisiert und wenn möglich die Testdurchführung automatisiert werden. Dabei ist ein hoher Automatisierungsgrad essenziell, um für nicht automatisierbare Prozesse genügend Kapazität vorzuhalten. Ein frühzeitiges Testen ermöglicht eine effiziente Adaption entwickelter Betriebsstrategien [29–31].

Die Betriebsstrategie steht in hoher Wechselwirkung mit den Komponentensteuerungen der Antriebsaggregate. Zur Gewährleistung einer systematischen Vorgehensweise folgt die Auslegung dem Softwareentwicklungsprozess des *V-Modells* nach Abbildung 2.5. Die linke Seite kennzeichnet dabei die Spezifikation der Betriebsstrategie, während die rechte Seite das Testen der entwickelten Software beschreibt [9].

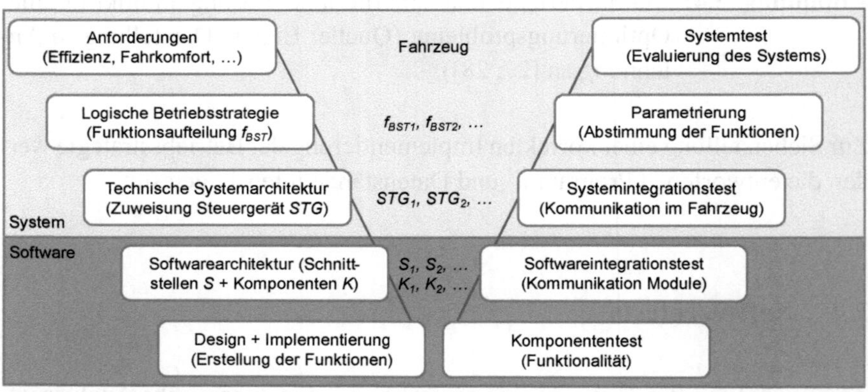

Abbildung 2.5: V-Modell der Betriebsstrategieentwicklung (Quelle: Eigene Darstellung, in Anlehnung an [9])

Die Anforderungsdefinition an ein System erfolgt im Lastenheft und benennt Entwicklungsziele wie die Effizienz oder den Fahrkomfort eines Fahrzeugs. Die auf Grundlage der Anforderungen definierten Regelungsaufgaben werden zu Funktionen zusammengefasst und einem Steuergerät zugewiesen. Einzelne Funktionen werden wiederum zu Komponenten zusammengefasst und notwendige Schnittstellen im Steuergerät definiert. Ist eine vollständige Systemspezifikation vorhanden, kann die konkrete Implementierung der Funktionen erfolgen [9].

Zur Vermeidung eines direkten Testens des Gesamtsystems werden erstellte Module auf verschiedenen Ebenen getestet. Komponententests werden zur Überprüfung der Funktionalität auf Funktionsebene durchgeführt. Wird kein Fehler gefunden, kann die Annahme und Weitergabe von Signalen im Integrationstest geprüft werden [31]. Ergänzend zum V-Modell sind eine kontinuierliche Integration und ein kontinuierliches Testen im PEP implementiert. Modifizierte Komponenten werden automatisch auf Funktionalität und Querwirkungen geprüft und in das aktuelle System integriert [32]. Nach erfolgreicher Integration auf Softwareebene wird der Programmstand auf der Ziel-Hardware implementiert. Im Systemintegrationstest wird die Kommunikation mit weiteren Steuergeräten, Sensoren und Aktuatoren getestet [9]. Nach erfolgreicher Integration der Betriebsstrategie im Gesamtsystem können die Funktionen parametriert und ein Datenstand generiert werden. Die Evaluierung der entwickelten Software erfolgt anhand der Ergebnisse von Systemtests. Diese testen sowohl funktionale als auch nicht funktionale Anforderungen und sollten möglichst nahe an der Kundenanwendung erfolgen. Das V-Modell wird auf verschiedenen Ebenen angewandt. Sowohl die Betriebsstrategie als auch Komponentensteuerungen werden entsprechend entwickelt [9, 31]. Basierend auf *Regressionstests*, also der wiederholten Durchführung von Tests, können Auswirkungen von Modifikationen gegenüber Vorgängerständen quantifiziert und unerwünschte Änderungen identifiziert werden [30].

Das beschriebene *strukturierte* Testen muss durch einen *explorativen* Teil erweitert werden [31]. Im Rahmen der Betriebsstrategieentwicklung erfolgt dieser zumeist in der Phase der Straßenerprobung. Beim explorativen Testen wird das Testdesign, die Testdurchführung und das Lernen aus den Testergebnissen simultan durchgeführt [33]. Das Fahrzeug wird in kundennahen Fahrsituationen frei erprobt, womit eine Erhöhung der Testabdeckung erreicht wird. Die Dokumentation der durchgeführten Tests wird anhand von Messschrieben sichergestellt und ermöglicht eine Wiederholung in Simulationen oder auf Prüfständen [31].

3 Stand der Technik

Als grundlegende Methode für die Ermöglichung einer Verlagerung von Entwicklungstätigkeiten werden *X-in-the-Loop* (XiL)-Ansätze eingesetzt. In-the-Loop-Ansätze dienen dem Testen und Validieren von entworfenen Systemen vor deren tatsächlicher Umsetzung [34]. Bereits im Jahr 2010 wird von Düser [35] ein ganzheitlicher Ansatz für die Antriebsstrangsoftwareentwicklung basierend auf XiL-Ansätzen zur Verlagerung von Entwicklungsaktivitäten vom Straßenversuch hin zu Prüfständen beschrieben. Ein ausführlicher Überblick zu aktuellen Arbeiten wird von Schmidt et al. [36] gegeben. Neben der Abbildungsgüte des Systems ist eine zielgerichtete Abstimmung von Datenständen und ein zielgerichtetes Testen der Betriebsstrategie von grundlegender Bedeutung [4].

3.1 Ersatzfahrprofile

Die Beanspruchung eines Fahrzeugs in Form von gefahrenen Geschwindigkeiten und Beschleunigungen weist einen signifikanten Einfluss auf den Energiebedarf des Systems auf (s. Gleichung 2.1). Durch eine möglichst repräsentative Abbildung des realen Fahrbetriebs in XiL-Ansätzen können der Energiebedarf und das dynamische Verhalten im Serienbetrieb frühzeitig untersucht werden. Die Ersatzfahrprofilsynthese zur Nachbildung von Realfahrten ist dabei ein intensiv untersuchtes Themengebiet. In der Arbeit von Eßer [37] werden 51 Veröffentlichungen grundlegenden Methoden zugeordnet, während André [38] und Giaukomnis [39] die Entwicklung von Ersatzfahrprofilen in drei Schritte untergliedern:

- Repräsentative Datengenerierung
- Datenanalyse und -aufbereitung
- Fahrprofilberechnung

Dem Prozess der Datengenerierung kommt eine grundlegende Bedeutung zu. Je häufiger kundenrepräsentative Fahrsituationen und Lasten in Form einer

T. Martini, *Emulation der Straßenerprobung zur Parametrierung und Evaluierung kausaler regelbasierter Betriebsstrategien*, Wissenschaftliche Reihe Fahrzeugtechnik Universität Stuttgart, https://doi.org/10.1007/978-3-658-52931-4_3

Datenbasis dokumentiert sind, desto repräsentativer kann der Serienbetrieb anhand eines komprimierten Fahrprofils wiedergegeben werden [39]. Typische Ansätze zur Datenerhebung umfassen sowohl individuelle Versuchsfahrten [37] als auch größere Mobilitätsstudien, wie in den Arbeiten von André [38], Pfriem [40] oder Tewiele [41]. In der Arbeit von Förster et al. [42] werden Versuchsmessfahrten aus dem Fahrzeugdauerlauf als Datenbasis implementiert. Der Hauptfokus liegt dabei stets auf der repräsentativen Abbildung einer Grundgesamtheit (s. Abschnitt 4.1), wobei auch der Umfang an Messungen ein wichtiges Kriterium darstellt [24]. Im Anschluss an die Bestimmung einer Datenbasis erfolgt die Datenanalyse und Datenaufbereitung. Neben einer Datenbereinigung werden die Messungen in Segmente unterteilt. Hierzu werden Modalereignisse wie Beschleunigungen, Konstantfahrten, Verzögerungen und Stillstandsphasen extrahiert, die Fahrprofile in *Micro-Trips* (MT) unterteilt oder Abschnitte anhand von charakteristischen Parametern klassifiziert. Ein Micro-Trip beschreibt dabei einen Fahrtabschnitt zwischen zwei Stillstandsphasen. Eine Klassifizierung kann beispielsweise anhand des Straßentyps erfolgen [39, 43]. Nach Shi et al. [44] kann die Datenbasis außerdem als zeitdiskreter stochastischer Prozess in Form einer *Markov-Kette* nach Gleichung 3.1 beschrieben werden, sofern $\{x_1, x_2, \dots, x_{r+1}\}$ eine Teilmenge des Zustandsraums R ist [45, 46].

$$P\big(X_{i+1} = x_{i+1} \,|\, X_j = x_j, j \in \{1,2,\dots,i\}\big) = P(X_{i+1} = x_{i+1} \,|\, X_i = x_i) \qquad \text{Gl. 3.1}$$

$$P_M = \begin{bmatrix} \wp_{11} & \cdots & \wp_{1r} \\ \vdots & \ddots & \vdots \\ \wp_{r1} & \cdots & \wp_{rr} \end{bmatrix} \qquad \text{Gl. 3.2}$$

mit: P = Wahrscheinlichkeit, X = Zufallsvariable, x = aktueller Zustand, P_M = Übergangsmatrix, $\wp$ = Übergangswahrscheinlichkeit, r = Anzahl möglicher Zustände

Die *Markov-Eigenschaft* beschreibt einen gedächtnislosen Zusammenhang. Entsprechend wird der Zustand i+1 ausschließlich vom Zustand i beeinflusst, während die vorherigen Zustände keine Auswirkung haben. Aus der Datenbasis können somit die Wahrscheinlichkeiten eines Wechsels vom Zustand i zum

Folgezustand l ermittelt und in einer *Übergangsmatrix* nach Gleichung 3.2 aggregiert werden [47]. Die Übergangsmatrix beschreibt dabei eine wahrscheinlichkeitsbasierte Abfolge von Zustandswechseln und ermöglicht eine Reduktion der notwendigen Versuchsfahrten. Es wird die Berechnung einer stochastischen Datenbasis in beliebigem Umfang ermöglicht, die die charakteristischen Eigenschaften der Fahrzeugmessungen repräsentiert [37, 42, 48].

3.1.1 Äquivalente Datensynthese

Die Berechnung von Ersatzfahrprofilen kann durch eine randomisierte oder lokal-optimale Auswahl von Segmenten erfolgen. Außerdem kann die Übergangsmatrix – neben der Generierung einer synthetischen Datenbasis – zur stochastischen Auswahl von Segmenten eingesetzt werden. Eine randomisierte Berechnung verkettet zufällig ausgewählte Segmente, bis eine definierte Dauer des Fahrprofils erreicht wird [49]. Bei einer lokal-optimalen Kombination werden Segmente vor der Auswahl nach bestimmten Kriterien gefiltert. In einem von Austin [43] vorgestellten Ansatz werden in jeder Iteration die Micro-Trips zum Fahrprofil hinzugefügt, mit denen die größte Annäherung an die zweidimensionale Häufigkeitsverteilung für Geschwindigkeiten und Beschleunigungen der Datenbasis erreicht wird. Erfolgt die Auswahl der Segmente basierend auf einer Übergangsmatrix, wird stochastisch ein Folgezustand bestimmt, der beispielsweise ein Modalereignis beschreibt [50]. Anschließend wird für den bestimmten Zustand ein entsprechendes Segment aus der Datenbasis ausgewählt. Mit einer randomisierten, einer lokal-optimalen oder einer auf Übergangsmatrizen basierenden Auswahl wird in einem Berechnungsdurchlauf eine Vielzahl an potenziellen Fahrprofilen generiert. Zur Minderung der Berechnungsdauer und zur Steigerung der Ergebnisgüte werden *Threshold-Accepting-Algorithmen* und populationsbasierte Optimierungsverfahren eingesetzt [42, 48, 51, 52]. Als charakteristische Kenngröße zur Bewertung der Nachbildungsgüte der Geschwindigkeiten und Beschleunigungen wird beispielsweise die Differenz der Häufigkeitsmatrizen $dh_{a,v}$ der Datenbasis und der berechneten Fahrprofile nach Gleichung 3.3 bestimmt. Dabei wird durch eine möglichst äquivalente Nachbildung eine Minimierung von $dh_{a,v}$ angestrebt [53, 54].

$$dh_{a,v} = \sum_a \sum_v \left| H_{2(a,v)} - H_{1(a,v)} \right| \qquad \text{Gl. 3.3}$$

mit: $H_{1(a,v)}$ = Geschwindigkeits-Beschleunigungsverteilung der Datenbasis, $H_{2(a,v)}$ = Geschwindigkeits-Beschleunigungsverteilung des berechneten Fahrprofils

Um der Herausforderung der repräsentativen Datengenerierung zu begegnen, können anstelle einer äquivalenten Nachbildung der Datenbasis auch im Serienbetrieb dokumentierte Belastungskollektive als Referenzvorgabe eingesetzt werden. Die Auswirkungen der verwendeten Datenqualität auf die Fahrprofilsynthese werden im Folgenden anhand einer Differenzierung der in dieser Arbeit eingesetzten Entwicklungs- und Serienmessungen analysiert.

3.1.2 Serienbasierte Datensynthese

Auf Grundlage verfügbarer Rechenleistungen und Speicherkapazitäten im Fahrzeug werden im Entwicklungs- und Serienbetrieb verschiedene Messmethoden eingesetzt, womit auch die resultierende Datenqualität variiert.

Zeitmessschriebe in Entwicklungsfahrzeugen

Physikalische Kenngrößen werden von analogen Sensoren als zeit- und wertkontinuierliche Signale wiedergegeben und im digitalen Steuergerät als zeit- und wertdiskrete Signale verarbeitet. Abbildung 3.1 zeigt im Diagramm A den physikalischen Verlauf einer Kenngröße, während in Diagramm B die diskrete Wiedergabe im Steuergerät schematisch visualisiert ist. Das Systemverhalten X_N wird nach Gleichung 3.4 abgebildet [9]. In Abhängigkeit der definierten Frequenz im Steuergerät erfolgt ein Kenntnisverlust im Umfang der Diskretisierung der Signale.

$$X_N = \{x(t_i) \mid i = 1,2,\dots,N\} \qquad \text{Gl. 3.4}$$

mit: x = Zustand, t = Zeit [s], N = Anzahl Messpunkte [-]

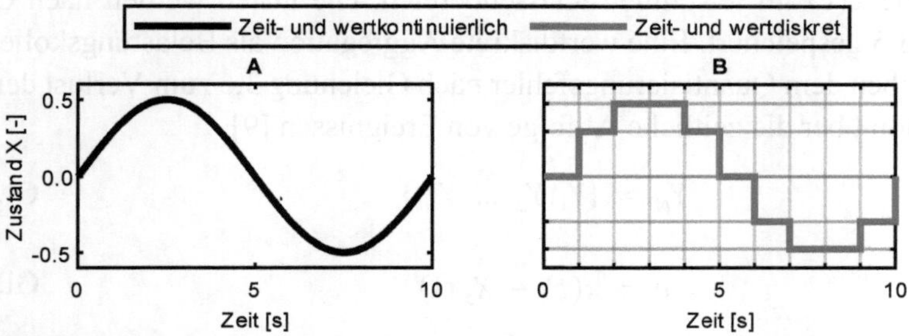

Abbildung 3.1: Zeit- und wertkontinuierliche Signale sowie zeit- und wertdiskrete Signale (Quelle: Eigene Darstellung, in Anlehnung an [9])

Als Ergänzung zu individuellen Fahrzeugmessungen sind im Rahmen des untersuchten Fahrzeugprojekts Entwicklungsfahrzeuge mit *Datenloggern* ausgestattet. Die Logger sind mit dem Fahrzeugbussystem verbunden, fest im Fahrzeug verbaut und messen unabhängig des aktuellen Erprobungseinsatzes definierte Signale. Dabei wird bei jedem Zündungswechsel eine Messung gestartet oder beendet. Die Messdaten werden an eine Datenbank übermittelt, aufbereitet und archiviert. Einzelne Steuergerätesignale werden zeit- und wertdiskret gespeichert und ermöglichen eine detaillierte Analyse von Einzelfahrten.

Da die benötigte Rechenleistung und der benötigte Speicher im Steuergerät maßgeblich die Kosten beeinflussen, wird das Fahrzeugverhalten im Serienbetrieb anhand von Belastungskollektiven dokumentiert [9, 55].

Belastungskollektive in Serienfahrzeugen

Auf Grundlage von Untersuchungen und Erkenntnissen während der Entwicklung werden Belastungskollektive zur Dokumentation des Systemverhaltens in die Seriensoftware implementiert. Die zeit- und wertdiskreten Signale des Steuergeräts werden mittels Zustandsautomaten wertdiskret gespeichert. Die Zuordnung eines Zustands $x(t)$ in den Klassenbereich eines Wertes $X_{x,j}$ ($X_{x,j,unten} \leq x(t) < X_{x,j,oben}$) ermöglicht das Archivieren des Systemverhaltens in einem fest definierten Speicher über die Fahrzeuglebensdauer. Die dokumentierten Werte Y_N entsprechen dabei der Häufigkeit des Auftretens der

Zustände $x(t)$ im jeweiligen Klassenbereich. Die Daten werden nach Gleichung 3.5 gespeichert. Eine wertdiskrete Aggregation als Belastungskollektiv führt neben dem Quantisierungsfehler nach Gleichung 3.6 zum Verlust der Information über die zeitliche Abfolge von Ereignissen [9].

$$Y_N = \{Y_1, Y_2, \dots, Y_m\} \qquad \text{Gl. 3.5}$$

$$e = \mathrm{x}(t) - X_x(\mathrm{t}) \qquad \text{Gl. 3.6}$$

mit: x = Zustand, X_x= Klassenbereichswert, Y = Auftretenshäufigkeit, m = Anzahl Stützstellen

Zur Bestimmung von Belastungskollektiven werden verschiedene Zählverfahren eingesetzt [56, 57]. Im Seriensteuergerät der untersuchten Fahrzeugbaureihe werden Kenngrößen mittels der ein- und zweiparametrischen Momentanwertzählung dokumentiert. Hierbei werden aktuelle Werte von Signalen in die entsprechenden Klassenbereiche eines Belastungskollektivs einsortiert [58]. Abbildung 3.2 visualisiert das Prinzip anhand einer exemplarischen Erfassung von Geschwindigkeiten und Beschleunigungen.

Im Beispiel wird mit einer Frequenz von 0,64 Hertz der Momentanwert der Zeitsignale auf definierte Geschwindigkeits- und Beschleunigungsklassen interpoliert. Die resultierenden diskreten Zustände werden mittels eines Zustandsautomaten in eine Geschwindigkeits-Beschleunigungsmatrix einsortiert. Die exemplarischen Zeitsignale werden zu drei Zeitpunkten den Klassen {2,4}, {4,3} und {3,1} zugeordnet. In Abhängigkeit der gewählten Schrittweite der Klassengrenzen wird die Ausprägung des Quantisierungsfehlers beeinflusst. Tritt eine Zustandskombination wiederholt auf, wird der Zähler der jeweiligen Klasse erhöht. Im Laufe des Betriebs wird so das Belastungskollektiv gefahrener Geschwindigkeiten und Beschleunigungen im Serienbetrieb ausgeprägt. Die dokumentierten Daten können bei Servicearbeiten ausgelesen werden.

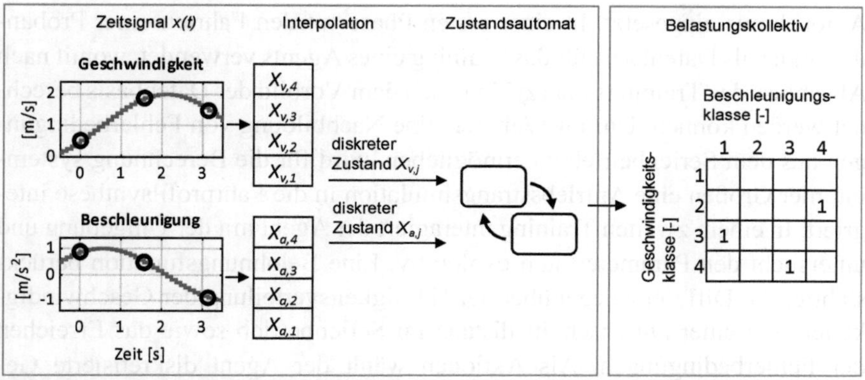

Abbildung 3.2: Berechnung von Belastungskollektiven im Seriensteuergerät am Beispiel der zweiparametrischen Momentanwertzählung

Zusammenfassung und bekannte Ansätze

Mit Entwicklungsfahrzeugen werden detaillierte Einzelmessungen in Form von zeit- und wertdiskreten Zeitmessschrieben ermöglicht. Zeitliche Abfolgen der Zustände sind bekannt und benötigte Parameter können aus den Daten berechnet werden. Demgegenüber steht die statistische Aussagekraft der Ergebnisse. Zum einen dient eine geringe Anzahl an Entwicklungsfahrzeugen der Datengenerierung, zum anderen werden Versuchsfahrten nicht zwangsläufig in repräsentativem Umfang durchgeführt. Im Serienbetrieb wird entsprechend der Anzahl an Fahrzeugen eine hohe Repräsentativität der Ergebnisse gewährleistet, während die wertdiskrete Dokumentation im Vergleich zu Entwicklungsfahrzeugen einen geringen Detailierungsgrad aufweist [59]. Um die hohe Repräsentativität der im Serienbetrieb dokumentierten Daten im Entwicklungsprozess eines neuen Systems zu nutzten und somit eine kundenfokussierte Entwicklung zu ermöglichen, können die Belastungskollektive als Referenzvorgabe in der Fahrprofilsynthese implementiert werden.

In der Arbeit von Ebel [60] liegt dabei der Fokus auf der Reproduktion von Fahrsituationen, die im Serienbetrieb zu Fehlern der elektrischen Maschine führten. Es werden Ersatzfahrprofile gesucht, die Belastungskollektive von Antriebsstrangkenngrößen reproduzieren. Zur Berechnung wird ein DRL-

Algorithmus eingesetzt. In einer ersten Phase werden Fahrten einer Probandenstudie als Datenbasis für das Training eines Agents verwendet, womit nach Abschluss des Trainings Fahrzyklen nach dem Vorbild der Datenbasis berechnet werden können. Um im Weiteren eine Nachbildung von Fehlerbedingungen aus dem Serienbetrieb zu ermöglichen, wird für die Berechnung systeminterner Größen eine Antriebsstrangsimulation in die Fahrprofilsynthese integriert. In einem zweiten Training interagiert der Agent mit der Umgebung und untersucht den Parameterraum explorativ. Eine Belohnungsfunktion berücksichtigt die Differenz gegenüber der Häufigkeitsverteilung der Geschwindigkeiten und einer Durchschnittsdistanz im Serienbetrieb sowie das Erreichen der Fehlerbedingungen. Als Aktionen wählt der Agent diskretisierte Geschwindigkeits-, Beschleunigungs- und Steigungszustände aus, die für die finalen Ersatzfahrprofile geglättet werden. Als Ergebnis können Ersatzfahrprofile berechnet werden, die von der Charakteristik der Datenbasis abweichen.

Ein weiterer Ansatz zur Implementierung von Belastungskollektiven aus dem Serienbetrieb wird in der Arbeit von Mieth vorgestellt [61]. Ziel der Arbeit ist eine bedarfsgerechte Auslegung des Antriebsstrangs. Die verwendete Datenbasis wird durch Messungen aus Fahrzeugdauerläufen gebildet und in Micro-Trips unterteilt. Als charakteristische Kenngröße eines Micro-Trips wird die mittlere Gesamtabweichung der Geschwindigkeits-Beschleunigungsmatrix gegenüber dem Serienbelastungskollektiv berechnet. Zur Generierung eines Ersatzfahrprofils erfolgt eine systematische Verkettung. Ausgehend vom repräsentativsten Micro-Trip werden in aufsteigender Reihenfolge der Abweichungen gegenüber dem Serienbetrieb Micro-Trips dem Fahrprofil hinzugefügt. Führt ein Micro-Trip zu einer Verschlechterung der Gesamtabweichung erfolgt keine Integration. Die Zieldistanz wird auf Grundlage der Reichweite eines batterieelektrischen Fahrzeugs definiert.

Der hohe Parametrierungsaufwand regelbasierter Betriebsstrategien erfordert zur Beherrschung der Komplexität und Steigerung der Effizienz der Parametrierung eine systematische Berechnung von initialen Datenständen. Im nachfolgenden Abschnitt werden exemplarische Methoden zur Parametrierung der Startschwellen des Verbrennungsmotors sowie der Lastpunktverschiebekennfelder aufgezeigt.

3.2 Parametrierung regelbasierter Betriebsstrategien

Regelbasierte Betriebsstrategien werden basierend auf Systemkenntnissen offline definiert und zur Online-Entscheidungsfindung im Steuergerät implementiert. Dabei ist die erreichbare Güte der Regelung stark von der Parametrierung abhängig. Im Folgenden werden exemplarische Ansätze zur Betriebsstrategieparametrierung vorgestellt.

3.2.1 Physikalische Ansätze

Zur Lösung des Optimierungsproblems der Leistungsaufteilung zwischen Verbrennungsmotor und elektrischen Maschinen kann die ECMS nach Gleichung 2.6 eingesetzt werden. Basierend auf fahrprofilspezifischen Äquivalenzfaktoren wird die Leistung kraftstoffoptimal auf die Antriebsaggregate aufgeteilt. Die Arbeit von Sivertsson [62] folgt diesem Prinzip: Die Ergebnisse einer offline berechneten ECMS werden zur Parametrierung einer kausalen regelbasierten Betriebsstrategie eines P14-Antriebsstrangs eingesetzt. Im Gegensatz zur Online-Lösung der ECMS im Fahrzeug, wird Gleichung 2.6 nicht in Abhängigkeit der Zeit, sondern in Abhängigkeit der Betriebszustände gelöst. Dazu werden die Parameterräume der Geschwindigkeiten, der angeforderten Leistungen und verschiedener Äquivalenzfaktoren gerastert. Die resultierenden Leistungsaufteilungen zwischen den Aggregaten beschreiben einen energetisch optimalen Betrieb und werden in Form von Kennfeldern im Steuergerät abgespeichert. Zur kausalen Modifikation des Äquivalenzfaktors wird dieser durch eine Tangensfunktion über dem Ladezustand der Traktionsbatterie geregelt. Je weiter der Ladezustand unter den Sollwert sinkt, desto stärker steigt der Äquivalenzfaktor und die Nutzung der elektrischen Energie der Traktionsbatterie wird höher bewertet. Zur Regelung eines globalen Äquivalenzfaktorniveaus wird zusätzlich ein PI-Regler implementiert, der in Abhängigkeit des zeitlichen Verlaufs des Ladezustands den Äquivalenzfaktor modifiziert und einen energetisch stabilen Betrieb ermöglicht.

In der Arbeit von Görke [11] erfolgt die Parametrierung der Betriebsstrategie basierend auf einer Analyse der physikalischen Zusammenhänge eines P2-Antriebsstrangs. Eine Untersuchung zur Lastpunktverschiebung zeigt die Abhängigkeit der Effizienzbilanzierung vom differenziellen Wirkungsgrad zwischen dem Ausgangsbetriebspunkt und dem Lastpunktverschiebemoment. Mit steigendem Drehmoment nehmen die spezifischen Energiekosten zu, womit die Energiewandlung ineffizienter wird. Zur Definition eines kraftstoffoptimalen Betriebs wird die Bedingung nach Gleichung 3.7 hergeleitet. Sind für alle Betriebspunkte die partiellen Ableitungen der Änderung des Kraftstoffmassenstroms nach der Änderung der Batterieleistung konstant, so erfolgen die Lastpunktverschiebungen optimal.

$$\frac{\partial \Delta \dot{m}_{K,i}}{\partial \Delta P_{B,i}} = \lambda_K, \qquad \forall i. \qquad \text{Gl. 3.7}$$

$$b_{e,i} = \frac{\dot{m}_{K,i}}{\Delta P_{B,i}}, \qquad \forall i. \qquad \text{Gl. 3.8}$$

mit: $\Delta\dot{m}_K$ = Kraftstoffmassenstrom durch Lastpunktverschiebung [g/s], $\dot{m}_K$ = Kraftstoffmassenstrom [g/s], ΔP_B = Batterieleistung durch Lastpunktverschiebung [W], λ_K = Kraftstoffäquivalenzkenngröße [g/Ws], b_e = spezifische Kraftstoffersparnis [g/Ws], i = Betriebspunke [-]

Zur Parametrierung der Regelung für das Ein- und Ausschalten des Verbrennungsmotors wird eine spezifische Kraftstoffersparnis b_e definiert. Die Kenngröße nach Gleichung 3.8 beschreibt das Verhältnis von eingesetztem Kraftstoff gegenüber der zum Laden verfügbaren Leistung. Die Untersuchung zeigt, dass die Kraftstoffersparnis bei geringen Lasten und Drehzahlen am größten ist und mit steigender Last und Drehzahl abnimmt. Es wird der Zusammenhang hergeleitet, dass eine kraftstoffoptimale elektrische Fahrt erreicht wird, wenn die spezifische Kraftstoffersparnis größer als die Kraftstoffäquivalenzkenngröße ist. Auf Grundlage der identifizierten Zusammenhänge werden für verschiedene Kraftstoffäquivalenzkenngrößen die kraftstoffoptimalen Lastpunktverschiebungen und Startschwellen anhand einer Parameterraumrasterung berechnet und als kausale Regelung im Steuergerät implementiert. Es wird eine Komplexitätsreduktion der Parametrierung auf die Definition der Kraftstoffäquivalenzkenngröße ermöglicht. Die Äquivalenzkenngröße ist dabei analog der ECMS fahrprofilspezifisch. Neben Abweichungen aus dem

Übertrag der Simulationen in das reale Fahrzeug wird die erreichbare Regelgüte von der korrekten Wahl der Äquivalenzkenngröße bestimmt [11].

3.2.2 Metaheuristische Ansätze

Während die vorgestellten Methoden basierend auf Analysen des Antriebsstrangs physikalische Zusammenhänge ermitteln, nutzen metaheuristische Optimierungsverfahren stochastische und iterative Suchmechanismen zur Bestimmung von (sub-)optimalen Lösungen. Die Betriebsstrategieparameter können dabei explizit vom Optimierungsalgorithmus modifiziert oder durch Ersatzmodelle abgebildet werden, während die Modifikation der Betriebsstrategieparameter durch den Algorithmus selbst die größte Flexibilität und Detailierung ermöglicht. Eine Herausforderung stellt hierbei jedoch die Anzahl der Optimierungsvariablen dar. Es gilt für jede Stützstelle Rückmeldungen des Systems zu erhalten. Die Implementierung von Ersatzmodellen ermöglicht die Reduktion der Optimierungsvariablen und eine effizientere Durchführung der Optimierung. Die Parameter der Modelle dienen dabei als Optimierungsvariablen und die Betriebsstrategieparameter werden durch die Ersatzmodelle abgebildet [28].

Neben der Definition der Optimierungsvariablen ist eine anwendungsspezifische Wahl des Optimierungsalgorithmus wichtig. In der Arbeit von Sauermann [63] wird zur Parametrierung der Betriebsstrategie eines P2-Antriebsstrangs ein populationsbasierter Ensemble-Algorithmus entwickelt. Motiviert durch das *No Free Lunch Theorem* [23] werden für Ensemble-Algorithmen verschiedene Einzelmodelle kombiniert, um eine robustere Lösungsfindung für verschiedene Probleme zu ermöglichen. Die implementierten Algorithmen weisen dabei variierende Explorations- und Exploitations-Charakteristiken zur Verbesserung des Kompromisses aus Konvergenzgeschwindigkeit und Robustheit auf [64]. Populationsbasierte Optimierungsverfahren ermöglichen das Lösen globaler, nichtlinearer Optimierungsprobleme der Betriebsstrategieparametrierung und weisen zudem einen hohen Parallelisierungsgrad auf. Einzelne Individuen einer Iteration können parallel auf verschiedenen Rechenressourcen simuliert werden. Der auch im Rahmen dieser Arbeit verwendete einkriterielle Optimierungsalgorithmus besteht aus einem genetischen Algorithmus (GA), einem Partikelschwarmoptimierungsalgorithmus (PSO) und einem evolutionären PSO [63]. Die PSO basieren in der Grundidee auf dem Schwarmverhalten von Vögeln [23]. Die von Kennedy und Eberhart [65] entwickelte Grundversion wird anhand der Gleichungen 3.9 und 3.10 beschrieben [23].

$$x' = x + v' \qquad \text{Gl. 3.9}$$

$$v' = v + c_1 r_1 (x^{bl} - x) + c_2 r_2 (x^{bg} - x) \qquad \text{Gl. 3.10}$$

mit: x = Partikelposition, v = Geschwindigkeitsvektor, x^{bl} = persönliche beste Position, x^{bg} = beste Position aller Partikel, c_1 = kognitiver Parameter c_2 = sozialer Parameter, $r_{1,2}$ = gleichverteilt bestimmte Zufallszahl in [0,1]

Nach Gleichung 3.9 wird die neue Position x' eines Partikels basierend auf der aktuellen Position und der aktuellen Bewegungsrichtung v' berechnet. Die Bewegungsrichtung wird wiederum nach Gleichung 3.10 basierend auf dem aktuellen Geschwindigkeitsvektor sowie der besten Position des Partikels selbst und der besten Position unter allen Partikeln bestimmt. Die Positionsänderungen werden dabei über einen kognitiven und einen sozialen Parameter skaliert. Je höher die soziale Skalierung gewählt wird, desto schneller verdichten die Partikel in einem (lokalen) Minimum [23]. Für den evolutionären PSO werden die Bewegungsgesetze nach den Gleichungen 3.9 und 3.10 in einem evolutionären Algorithmus als Rekombinationsoperatoren implementiert. Basierend auf probabilistischer Mutation werden aus jedem Partikel mehrere potenzielle Nachfolger berechnet. Eine Selektionsentscheidung wählt jeweils ein Individuum für die Folgeiteration aus [66]. Der im Ensemble-Algorithmus implementierte GA ist als Standard-GA ausgeführt und nutzt die Mechanismen Selektion, Rekombination und Mutation. Ergänzt werden die Algorithmen durch einen rein probabilistisch bestimmten Partikel [63].

Für die Anwendung von metaheuristischen Optimierungsverfahren zur Parametrierung von Betriebsstrategien ist die Reduktion der Kennfeldstützstellen durch den Einsatz von Ersatzmodellen ein wichtiger Mechanismus [63, 67]. Sauermann nutzt hierzu Voranalysen initialer Kennfelder, um Charakteristiken zu identifizieren und diese mit einer reduzierten Anzahl an Kennwerten darzustellen. Das zur Definition der Startschwellen des Verbrennungsmotors genutzte Leistungskennfeld wird hinsichtlich der Fahrzeuggeschwindigkeit als konstant angenommen und durch Reduktion von Stützstellen linearisiert. Ein ähnlicher Ansatz wird für das Lastpunktverschiebekennfeld verfolgt. Unter der Annahme einer Drehzahlunabhängigkeit werden Lastpunkterhöhung und -absenkung durch zwei lineare Funktionen abgebildet. Die Anzahl an Optimierungsvariablen kann auf bis zu elf reduziert werden. Eine Untersuchung der Freiheitsgrade zeigt, dass ein steigender Detailierungsgrad eine negative Auswirkung auf die Optimierungsgüte haben kann. Die Optimierungsrechnung wird exemplarisch in legislativen Fahrzyklen und anhand vereinfachter Steuerungsmodelle durchgeführt [63].

Entgegen dem vorgestellten einkriteriellen Optimierungsalgorithmus wird in der Arbeit von Sittig [67] ein multikriterieller Algorithmus eingesetzt. Hierdurch können Vor- und Nachteile Pareto-optimaler Lösungen analysiert werden. Zur Reduktion der Anzahl an Parametrierungsvariablen wird die Charakteristik für das Ein- und Ausschalten des Verbrennungsmotors durch mechanische Grenzen und eine Leistungshyperbel beschrieben. Die Lastpunktverschiebekennfelder sind in Abhängigkeit von einem Äquivalenzfaktor definiert, der zusammen mit der Leistungshyperbel und einer Mindestlaufzeit des Verbrennungsmotors als Optimierungsvariable modifiziert wird. Insgesamt wird die Betriebsstrategieparametrierung durch drei Optimierungsvariablen repräsentiert. Die Optimierung wird simulativ durchgeführt und die Ergebnisse auf einem Antriebsstrangprüfstand validiert.

Zur Verlagerung von Entwicklungsaktivitäten in frühere Phasen des PEP und zur Reduktion des Parametrierungsaufwands regelbasierter Betriebsstrategien existieren zahlreiche Ansätze und Forschungsarbeiten. Um bestehende Ansätze weiter zu verbessern und eine ergebnisorientierte Entwicklung zu ermöglichen, wird im Folgenden eine datengetriebene Systematik zur kundenfokussierten Betriebsstrategieentwicklung vorgestellt.

4 Datengetriebene Entwicklungssystematik

Aufgrund der hohen Transparenz sowie der geringen Anforderung an Rechenleistung im Steuergerät werden regelbasierte Betriebsstrategien nach wie vor in Hybridfahrzeugen eingesetzt. Da die erreichbare Güte der Regelung stark vom Anwendungsfall abhängt, resultiert die Implementierung in einem hohen Parametrierungsaufwand [1, 6, 25]. Für das Gelingen einer kundenfokussierten Betriebsstrategieentwicklung und einer Verlagerung von Entwicklungstätigkeiten kommt den verfügbaren Daten eine zentrale Bedeutung zu [68].

4.1 Kundenfokussierte Datenstrategie

Die Grundgesamtheit Γ des Serienbetriebs beschreibt die Einsatzbedingungen aller Fahrzeuge einer Baureihe im Feld und wird nach Gleichung 4.1 aus der Menge sämtlicher Fahrten gebildet. Die aus den Einsatzbedingungen resultierenden Systemzustände werden im Seriensteuergerät in Belastungskollektiven erfasst. Die Daten ermöglichen fundierte Aussagen über das Systemverhalten im Serienbetrieb, stehen jedoch ausschließlich für Vorgängerbaureihen zur Verfügung. In der Inferenzstatistik werden dagegen Stichproben Γ_n nach Gleichung 4.2 eingesetzt, um basierend auf einer reduzierten Datenmenge *induktive Schlüsse* auf die Charakteristiken einer Grundgesamtheit zu ziehen. Stichproben werden anhand einer Zufallsauswahl definiert und getroffene Aussagen sind stets mit Unsicherheiten behaftet. Die Qualität von Prädiktionen hängt dabei von der Abbildungsgüte des Systems und den getesteten Anwendungsfällen ab [69, 70]. Im etablierten Entwicklungsparadigma werden Stichproben des zu entwickelnden Systems in der Phase der Straßenerprobung durch die Teilnahme am öffentlichen Straßenverkehr und der Erprobung von Extremsituationen unter möglichst repräsentativen Einsatzbedingungen ermittelt. Zur Verlagerung von Entwicklungsaktivitäten und einer frühzeitigen Adaption der Betriebsstrategie an den späteren Serienbetrieb werden basierend auf dem etablierten Entwicklungsparadigma die folgenden Verbesserungspotenziale identifiziert:

T. Martini, *Emulation der Straßenerprobung zur Parametrierung und Evaluierung kausaler regelbasierter Betriebsstrategien*, Wissenschaftliche Reihe Fahrzeugtechnik Universität Stuttgart, https://doi.org/10.1007/978-3-658-52931-4_4

- Eine Abbildung explorativer, kundenfokussierter Tests in SiL-Simulationen als Ergänzung zu bestehenden Regressionstests
- Die systematische Integration von Daten aus dem Serien- und Entwicklungsbetrieb von Vorgängerbaureihen in den PEP aktuell zu entwickelnder Systeme

$$\Gamma = \{\gamma_i \mid i = 1,2,\dots,\mathcal{N}\} \quad \text{Gl. 4.1}$$

$$\Gamma_n = \{\gamma_i \mid i = 1,2,\dots,n\} \quad \text{Gl. 4.2}$$

mit: γ = Merkmalsträger (Fahrten), $\mathcal{N}$ = Umfang der Grundgesamtheit, n = Umfang der Stichprobe

Eine Herausforderung datengetriebener Methoden ist die Qualität und Verfügbarkeit von Daten [68]. Die Dokumentation der Fahrzeugnutzung im Entwicklungs- und Serienbetrieb (s. Abschnitt 3.1.2) bildet dabei eine wertvolle Ressource für die Betriebsstrategieentwicklung. Eine Datenstrategie ermöglicht dabei die zielgerichtete Ressourcennutzung sowie die Maximierung an Erkenntnissen [71]. Zur systematischen Integration verfügbarer Daten wird die in Abbildung 4.1 dargestellte Datenstrategie für das Testen, Adaptieren und Evaluieren der Betriebsstrategie in frühen Phasen des PEP entwickelt. Da die Daten der Grundgesamtheit des Serienbetriebs wertdiskret im Steuergerät gespeichert werden und das Systemverhalten von Vorgängerbaureihen repräsentieren, sind diese nicht direkt für das Testen geeignet. Um ein zu entwickelndes System dennoch serienäquivalent testen zu können, werden anhand der Belastungskollektive der Einsatzbedingungen und Messungen aus dem Straßenversuch Testszenarien berechnet. Als Einsatzbedingungen werden ausschließlich Zustände verwendet, die unabhängig der konkreten Antriebstrangtopologie auftreten. Beispielweise sind archivierte Geschwindigkeiten und Beschleunigungen von verschiedenen Fahrzeugbaureihen darstellbar, wohingegen die expliziten Komponentenbelastungen antriebsstrangspezifisch und nicht übertragbar sind. Die Testszenarien ermöglichen frühzeitig ein explorativ orientiertes Testen und identifizierte Fehler können effizient korrigiert werden. Basierend auf Vereinfachungen ist es das Ziel, möglichst repräsentative Ergebnisse für die Anwendung der Betriebsstrategie zu erzielen [30]. Hierzu wird die Grundgesamtheit des Serienbetriebs auf einen in SiL-Simulationen darstellbaren Umfang reduziert.

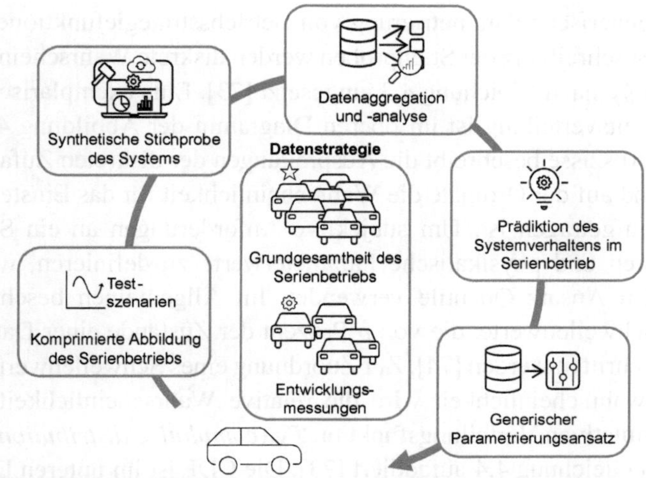

Abbildung 4.1: Kundenfokussierte Datenstrategie zur Emulation der Straßenerprobung

Die generierten Daten repräsentieren synthetische Stichproben des Systems und dienen der Analyse sowie der Fundierung von Entscheidungen. Ereignisse und Systemzustände werden basierend auf deren Auftretungswahrscheinlichkeit in der Entwicklung berücksichtigt. Es wird bereits vor der Phase der Straßenerprobung eine Prädiktion des zukünftigen Systemverhaltens im kundennahen Betrieb ermöglicht. Eine kontinuierliche Durchführung von Tests und Adaptionen sowie eine probabilistische Berechnung der Testszenarien unterstützen einen konstanten Reifegradanstieg der Betriebsstrategie über den PEP. Die entwickelte Datenstrategie ermöglicht dabei neue Ansätze zur Komplexitätsreduktion der Parametrierung [29–31, 72].

4.2 Generischer Parametrierungsansatz

Unter der Annahme eines vergleichbaren Nutzungsverhaltens für bestehende und zukünftige Baureihen werden synthetische Stichproben des aktuell zu entwickelnden Systems generiert und Wahrscheinlichkeiten für das Auftreten von Systemzuständen ermittelt. Basierend auf dem Konzept der Inferenzstatistik wird eine generische Parametrierung von Betriebsstrategiefunktionen ermöglicht. Zur Beschreibung der Stichproben werden diskrete Wahrscheinlichkeitsfunktionen $\mathscr{f}_X$ nach Gleichung 4.3 eingesetzt [73]. Eine exemplarische Wahrscheinlichkeitsverteilung ist im oberen Diagramm der Abbildung 4.2 dargestellt. Die Abszisse beschreibt die Ausprägungen der diskreten Zufallsvariablen, während auf der Ordinate die Wahrscheinlichkeit für das Einstellen eines Zustands aufgetragen ist. Um subjektive Anforderungen an ein System zu quantifizieren und physikalische Parameterwerte zu definieren, werden im vorgestellten Ansatz Quantile verwendet. Im Allgemeinen beschreiben *p*-Quantile Schwellenwerte, die von *p*-Prozent der Zustände einer Datenmenge nicht überschritten werden [74]. Zur Zuordnung eines Schwellenwerts zu einer Auftretenswahrscheinlichkeit wird die relative Wahrscheinlichkeitsfunktion $\mathscr{f}_X$ zur kumulativen Verteilungsfunktion $\mathcal{F}_X$ (*cumulative distribution function*, CDF) nach Gleichung 4.4 aufaddiert [73]. Die CDF ist im unteren Diagramm von Abbildung 4.2 dargestellt.

$$\mathscr{f}_X(x) = P(X = x) \qquad \text{Gl. 4.3}$$

$$\mathcal{F}_X(x) = P(X \leq x) = \sum_{x_i \leq x} \mathscr{f}_X(x_i) \qquad \text{Gl. 4.4}$$

mit: P = Wahrscheinlichkeit, X = diskrete Zufallsvariable, x = konkrete Ausprägung

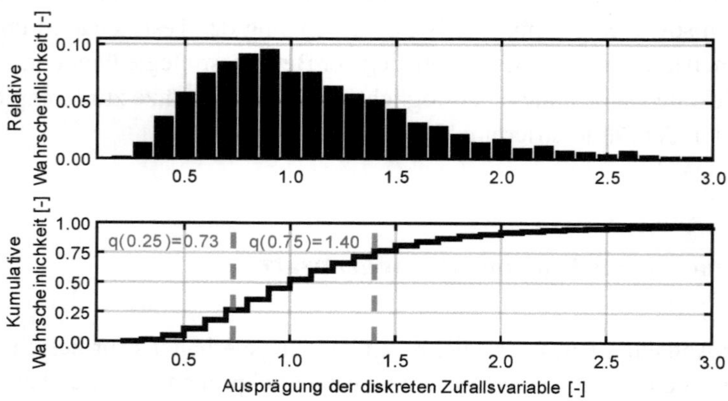

Abbildung 4.2: Visualisierung des Grundprinzips der Nutzung von *p*-Quantilen zur generischen Parametrierung

Die Definition von Quantilen zur Parametrierung des Systems dient in einem ersten Schritt der Bestimmung der Charakteristik der Parameter (s. Abschnitt 6.3.1). Die physikalischen Werte q werden in einem zweiten Schritt nach Gleichung 4.5 berechnet [75]. Mittels der Inversen der CDF werden die Zustandsausprägungen (Schwellenwerte) für definierte Wahrscheinlichkeiten berechnet. Exemplarisch sind in Abbildung 4.2 die Ausprägungen des 0,25-Quantils und 0,75-Quantils dargestellt. Im Beispiel liegen 25 Prozent der Zustände unterhalb eines Werts von 0,73 und 75 Prozent der Zustände unterhalb eines Werts von 1,40. Des Weiteren beschreiben die beiden Quantile, dass 50 Prozent der Zustände zwischen einem Wert von 0,73 und 1,40 liegen.

$$q(p) = \mathcal{F}^{(-1)}(p) \qquad \text{Gl. 4.5}$$

mit: $\mathcal{F}$ = kumulative Verteilungsfunktion, p = Wahrscheinlichkeitsniveau des Quantilswert

Der generische Parametrierungsansatz ermöglicht die Parametrierungen der Betriebsstrategie basierend auf subjektiven Anforderungen, Literaturangaben oder Lastenheftvorgaben. Es kann eine datengetriebene Definition von Schwellenwerten erfolgen und die Parametrierung der Betriebsstrategie explizit auf die Serienanwendung abgestimmt werden. Zusätzlich wird eine Vereinfachung der Parametrierungsaufgabe durch die Reduktion der zu definierenden Werte erreicht. Der Ansatz wird in Kapitel 6 und 7 zur Parametrierung der elektrischen Fahrt eingesetzt. Ausgehend von definierten Charakteristiken wird außerdem eine automatisierte Anpassung der physikalischen Werte bei Systemänderungen und der Übertrag auf neue Systeme ermöglicht.

Die vorgestellte Datenstrategie bringt neben den Vorteilen auch Herausforderungen mit sich. Eine Interpretation von Ergebnissen basierend auf Zeitmessschrieben ist aufgrund der Datenmenge nur unter hohem Zeitaufwand möglich. Zur Sicherstellung der Erfassung von Erkenntnissen und Potenzialen zur Verbesserung des Systemverhaltens bedarf es effizienter Methoden zur Auswertung und Aggregation von Testdaten.

4.3 Auswertung und Aggregation von Testdaten

Die Emulation der Straßenerprobung ermöglicht eine hohe Anzahl an Testfahrten. Die entwickelte Datenstrategie ermöglicht hierbei eine datengetriebene Adaption des Systems. Als Datenquellen werden Fahrzeugmessungen aus dem Straßenversuch oder in konvertierter Form aus einer Datenbank, Messungen aus SiL-Simulationen und Daten aus dem Serienbetrieb genutzt. Um die Komplexität und Fehleranfälligkeit in variierenden Umgebungen zu reduzieren und eine konsistente Auswertung zu gewährleisten, ist die Wiederverwendbarkeit von Berechnungsanweisungen elementar [76].

Die objektorientierte Programmierung hat sich bereits in verschiedensten Anwendungsgebieten als Methode zur Komplexitätsreduktion bewährt [77]. Teil des Kernkonzepts ist die Definition von Klassen, die als Vorlage für Instanzen dienen. Zur datengetriebenen Betriebsstrategieentwicklung werden baureihenspezifische Analyse-Klassen erstellt. Als Programmiersprache wird Python genutzt [76]. Die entworfenen Klassen dienen der Automatisierung und Standardisierung von Auswertungen sowie der Aggregation von Testdaten, sind konkret auf aktuelle Entwicklungsstände abgestimmt und beschreiben Berechnungsanweisungen zur Quantifizierung des Fahrzeugverhaltens. Einzelne Fahrten werden als Instanzen der Analyse-Klassen gespeichert. Zusätzlich zu den enthaltenen Berechnungsanweisungen werden Zeitmessschriebe, ausgewählte Parameter der Betriebsstrategie, berechnete Kennzahlen und Informationen über einen durchgeführten Test sowie das Testszenario einer Instanz zugeordnet. Für die Analyse der elektrischen Fahrt werden beispielsweise der kumulative und relative Kraftstoffverbrauch, die Zustartfrequenz des Verbrennungsmotors, die Dauer von E-Fahrtphasen sowie die Energienutzung der Traktionsbatterie und Kenngrößen des Ladezustands berechnet. Als Datenbasis für den generischen Parametrierungsansatz werden außerdem Verzögerungszeiten und angeforderte Leistungen dokumentiert (s. Abschnitt 6.2).

5 Serienäquivalente Testszenarien

Um ein System zielgerichtet für die spätere Anwendung zu testen, zu adaptieren und zu evaluieren, wird eine repräsentative Darstellung des Serienbetriebs in der Entwicklung angestrebt. Im realen Straßenversuch wird dies durch die Teilnahme von Entwicklungsfahrzeugen am öffentlichen Straßenverkehr und der Erprobung von Extremsituationen sichergestellt. Zur Verlagerung von Entwicklungsschritten der Straßenerprobung in frühere Phasen des PEP werden definierte Szenarien für das Testen in SiL-Simulationen benötigt. Zur Steigerung der Kundenfokussierung werden in dieser Arbeit von Serienfahrzeugen dokumentierte Daten als Referenzvorgaben zur Bestimmung der Testszenarien eingesetzt. Anhand der *dynamisch aufgeprägten Lasten* (Geschwindigkeiten, Beschleunigungen und Steigungen) werden verkettete Fahrprofile berechnet, die in Einzelfahrten unterteilt und um Randbedingungen erweitert werden.

5.1 Lasten im Entwicklungs- und Serienbetrieb

Die Regelung von Fahrzeugen generiert große Mengen an Daten [78]. Zur Speicherung und Verarbeitung dieser Datenmengen ist eine leistungsfähige Infrastruktur erforderlich. Neben der Handhabung des Datenvolumens müssen unterschiedliche Generierungsraten und Schwankungen der Datenqualität zuverlässig verarbeitet werden. Im Rahmen der vorgestellten Arbeit steht hierzu eine im Unternehmen implementierte *Big-Data-Infrastruktur* zur Verfügung, die den Zugriff auf Entwicklungs- und Seriendaten ermöglicht. Durch verteilte Systeme wird eine hohe Effizienz gewährleistet. Berechnungen werden parallel von einer Vielzahl an Knoten ausgeführt, womit in kurzer Zeit eine hohe Anzahl an Messungen ausgewertet werden kann [79]. Basierend auf verfügbaren Messtechniken und Speicherkapazitäten unterscheidet sich die Datenqualität aufgezeichneter Messungen zwischen Entwicklungs- und Serienfahr-

T. Martini, *Emulation der Straßenerprobung zur Parametrierung und Evaluierung kausaler regelbasierter Betriebsstrategien*, Wissenschaftliche Reihe Fahrzeugtechnik Universität Stuttgart, https://doi.org/10.1007/978-3-658-52931-4_5

zeugen. Während im Entwicklungsbetrieb detaillierte Einzelmessungen möglich sind, erfolgt im Seriensteuergerät eine Erfassung der Gesamtcharakteristik der Daten (s. Abschnitt 3.1.2).

Zur kundenfokussierten Durchführung einer Emulation der Straßenerprobung sind Stimuli erforderlich, die äquivalente Lasten gegenüber dem realen Serienbetrieb aufweisen. Als Vorgabe dienen Belastungskollektive, die aus der zweiparametrischen Momentanwertzählung gefahrener Beschleunigungen und Geschwindigkeiten sowie aus einer einparametrischen Momentanwertzählung der gefahrenen Steigungen einer Referenzbaureihe abgeleitet werden. Die Belastungskollektive einzelner Fahrzeuge werden vor einer Mittelung normiert, sodass jedes Fahrzeug laufleistungsunabhängig einen gleichwertigen Anteil an der Gesamtausprägung aufweist. Die Daten repräsentieren somit den durchschnittlichen Serienbetrieb aller Fahrzeuge im Feld. Da wertdiskrete Daten nicht direkt als Stimuli geeignet sind, werden die Belastungskollektive anhand von Messungen aus Entwicklungsfahrzeugen nachgebildet. Als Datenbasis werden Messungen von Fahrzeugen mit ähnlicher Systemleistung gegenüber dem zu entwickelnden System ausgewählt. Als Vergleichskenngrößen werden aus dem Belastungskollektiv der Geschwindigkeiten und Beschleunigungen die Zeilen- und Spaltensummen gebildet. Die sich ergebenden eindimensionalen Kurven repräsentieren die entsprechenden Häufigkeitsverteilungen. Im untersuchten Fahrzeugprojekt sind die Häufigkeitsverteilungen der Geschwindigkeiten mit 10 und die Häufigkeitsverteilungen der Beschleunigungen mit 15 Klassen diskretisiert. Die gefahrenen Steigungen werden bereits im Steuergerät als eindimensionale Häufigkeitsverteilung mit einer Diskretisierung von 22 Stützstellen dokumentiert.

Abbildung 5.1 visualisiert die Häufigkeitsverteilungen für gefahrene Geschwindigkeiten, Beschleunigungen und Steigungen der gewählten Referenzbaureihe im Serienbetrieb sowie für die dokumentierten Entwicklungsmessfahrten. Die Datenbasis der Entwicklungsmessfahrten wird aus 1.350.000 Messungen über eine Distanz von 9.920.000 Kilometern von 250 Fahrzeugen gebildet. Die Daten sind auf Messungen mit einer Mindestfahrtlänge von 15 Sekunden und 30 Metern sowie einer Mindestgeschwindigkeit von 10 Kilometer pro Stunde bereinigt. Zusätzlich sind sowohl für die Entwicklungsfahrten als auch für den Serienbetrieb die Stillstandsphasen entfernt. Diese werden in einem späteren Teil dieses Kapitels betrachtet. Die Dokumentation der Entwicklungsfahrten anhand von Datenloggern garantiert die Messung sämtlicher Aktivitäten der Fahrzeuge. Die Datenbasis wird hierdurch aus Testfahrten auf Versuchsgelände, funktionsspezifischen Tests sowie Überführungs- und Alltagsfahrten gebildet, was zu einer Verschiebung der Häufigkeitsverteilungen der Daten im Vergleich zu den Häufigkeitsverteilungen des Serienbetriebs führt.

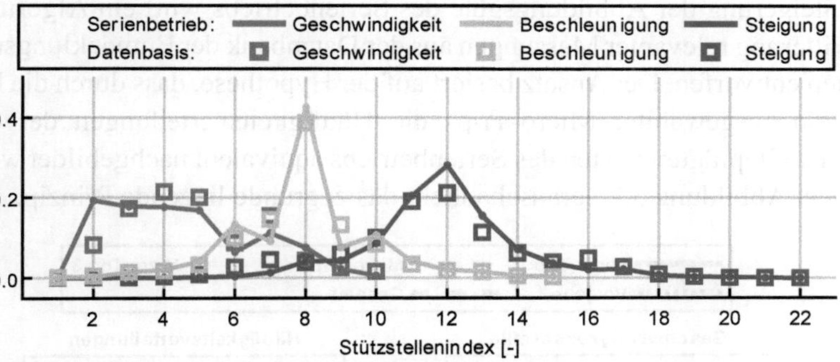

Abbildung 5.1: Häufigkeitsverteilungen für gefahrene Geschwindigkeiten, Beschleunigungen und Steigungen im Serienbetrieb im Vergleich mit den Verteilungen der als Datenbasis genutzten Entwicklungsmessfahrten

Nach aktuellem Stand der Technik wird die Datenbasis zur Synthese von Ersatzfahrprofilen äquivalent komprimiert. Entsprechend ist eine repräsentative Abbildung des Serienbetriebs durch die Daten wichtig. Da die Häufigkeitsverteilungen der vorliegenden Datenbasis Differenzen gegenüber dem Serienbetrieb aufweisen, wird im Folgenden untersucht, ob die Häufigkeitsverteilungen für berechnete Fahrprofile an den Serienbetrieb angepasst werden können. Bekannte Ansätze hierzu sind in Abschnitt 3.1.2 aufgezeigt. Zur Nutzung der Repräsentativität der im Serienbetrieb dokumentierten Einsatzbedingungen werden die wertdiskreten Daten als Vorgabe in die Stimuliberechnung implementiert und ein Filter-Algorithmus entwickelt. Relevante Entwicklungsmessfahrten werden zur äquivalenten Nachbildung der Häufigkeitsverteilungen des Serienbetriebs gezielt aus der Datenbasis ausgewählt und zu einem verketteten

Fahrprofil kombiniert. Die Zeitmessschriebe dienen beim Testen als Geschwindigkeits- und Steigungsvorgabe.

5.2 Synthese von serienäquivalenten Stimuli

Zur Steigerung der Abbildungsgüte des Serienbetriebs wird ein Algorithmus zur Filterung relevanter Messungen aus der Datenbank der Entwicklungsmessfahrten entworfen. Der Ansatz basiert auf der Hypothese, dass durch die Kombination ausgewählter Micro-Trips die Häufigkeitsverteilungen der dynamisch aufgeprägten Lasten des Serienbetriebs äquivalent nachgebildet werden können. Abbildung 5.2 veranschaulicht das zugrunde liegende Prinzip.

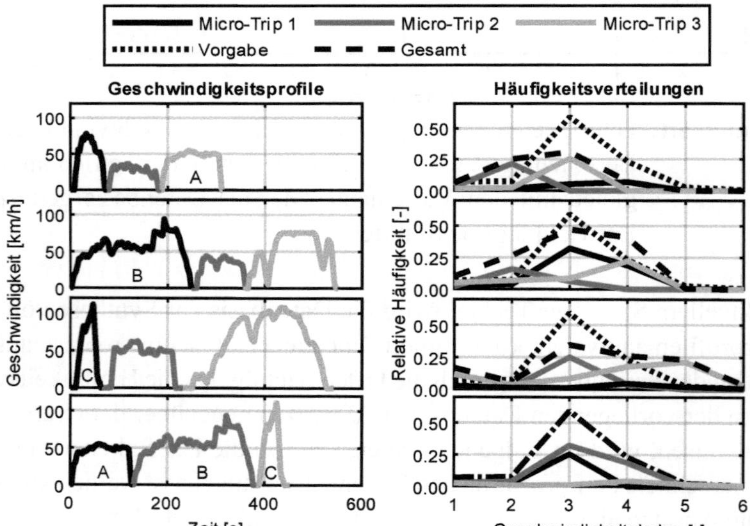

Abbildung 5.2: Prinzip der expliziten Filterung zur Auswahl von Micro-Trips am Beispiel der Geschwindigkeit

Die linke Spalte zeigt in den ersten drei Zeilen exemplarische Geschwindigkeitsprofile mit jeweils drei Micro-Trips. Die rechte Spalte zeigt die zugehörigen Häufigkeitsverteilungen der Geschwindigkeiten. Die einzelnen Verteilungsfunktionen der Micro-Trips sind in den jeweiligen Graustufen dargestellt, während die Verteilungsfunktionen der gesamten Geschwindigkeitsprofile gestrichelt eingezeichnet sind. Die gepunktet eingezeichnete, exemplarische Vorgabeverteilung weist im Beispiel ein hohes Aufkommen an Geschwindigkeiten im Bereich des dritten und vierten Geschwindigkeitsindex auf. Da die Häufigkeitsverteilungen der einzelnen Gesamtmessungen jedoch auch maßgeblich außerhalb dieses Bereichs Geschwindigkeiten aufweisen, sind diese gesamtheitlich nicht zur Erfüllung der Vorgabe geeignet. Zur Nachbildung müssen einzelne Mirco-Trips ausgewählt und kombiniert werden, deren Geschwindigkeitsverteilungen im Wertebereich der Vorgabe liegen. Zeile 4 zeigt das Ergebnis: Eine Auswahl und Kombination jeweils eines Micro-Trips (A–C) der Geschwindigkeitsprofile ermöglicht eine äquivalente Nachbildung der Vorgabeverteilung.

Übertragen auf den vorliegenden Anwendungsfall können durch die gezielte Auswahl und Kombination von Micro-Trips aus der Straßenerprobung Stimuli auf Basis realer Fahrsituationen berechnet werden. Als Ergebnis stehen verkettete Fahrprofile zur äquivalenten Nachbildung der dynamisch aufgeprägten Lasten des Serienbetriebs für die Entwicklung zur Verfügung.

Datenaufbereitung

Entwicklungsfahrzeuge, die mit einem Datenlogger ausgestattet sind, messen und übertragen automatisiert Fahrten an eine Datenbank. Dabei werden ausgewählte Signale wie der Geschwindigkeits-, Beschleunigungs- und Steigungsverlauf einer Fahrt archiviert. Zur Berechnung von verketteten Fahrprofilen werden die Messungen in Micro-Trips unterteilt und zusätzlich zu den Belastungskollektiven im Steuergerät weitere Metadaten wie die Häufigkeitsverteilungen der Beschleunigungen und Geschwindigkeiten bestimmt. Durch die Einteilung in Micro-Trips und die einhergehende Bedingung, dass Fahrten im Stillstand beginnen und enden müssen, wird die in Abbildung 5.1 beschriebene Datenbasis reduziert. Auf Basis der Speicherkapazität im Fahrzeug werden Messungen neben der Bedingung eines Zündungswechsels auch während der Fahrt beendet und neu gestartet, womit Start- und Endzeitpunkte häufig nicht in Stillstandsphasen liegen. Werden diese Fahrten aus der Datenbasis entfernt, reduziert sich der Umfang auf 1.345.000 Millionen Kilometer und

530.000 Messungen. Um ein effizientes Datenmanagement zu gewährleisten, werden die Metadaten der Datenbasis anhand des Schemas in Tabelle 5.1 archiviert.

Zur Vermeidung der Vervielfältigung von Informationen, werden die berechneten Kennwerte durch eine Messungs-ID (Spalte L) und eine Micro-Trip-ID (Spalte A) dem entsprechenden Zeitmessschrieb zugeordnet. Jeder Micro-Trip wird über die Start- und Endzeit (Spalte B und C) innerhalb der Gesamtmessung, die Distanz (Spalte J), die Häufigkeitsverteilung der Geschwindigkeiten (H_v; Spalte D), Beschleunigungen (H_a; Spalte E) und Steigungen (H_s; Spalte F) sowie der Stützstelle des jeweiligen Hochpunkts der Verteilung ($max(H_v)$; Spalte G | $max(H_a)$; Spalte H | $max(H_s)$; Spalte I) beschrieben. Zusätzlich werden die Micro-Trips Clustern zugewiesen (Spalte K).

Tabelle 5.1: Schematische Visualisierung der Metadaten als Basis für die Berechnung von verketteten Fahrprofilen

A	B	C	D	E	F	G	H	I	J	K	L
MT-ID	Start [s]	End [s]	H_v [-]	H_a [-]	H_s [-]	$max(H_v)$ [-]	$max(H_a)$ [-]	$max(H_s)$ [-]	Distanz [km]	Cluster [-]	Messungs-ID
0	*Skalar*	*Skalar*	*Vektor*	*Vektor*	*Vektor*	*Skalar*	*Skalar*	*Skalar*	*Skalar*	*Skalar*	*String*
1	*Skalar*	*Skalar*	*Vektor*	*Vektor*	*Vektor*	*Skalar*	*Skalar*	*Skalar*	*Skalar*	*Skalar*	*String*
…	…	…	…	…	…	…	…	…	…	…	…
N_{DB}	*Skalar*	*Skalar*	*Vektor*	*Vektor*	*Vektor*	*Skalar*	*Skalar*	*Skalar*	*Skalar*	*Skalar*	*String*

Cluster-Algorithmen klassifizieren Daten auf Grundlage ihrer Ähnlichkeit, womit Micro-Trips mit ähnlichen Merkmalsausprägungen zusammengefasst werden können. Als häufig angewandter Vertreter wird ein *K-Means*-Algorithmus implementiert; als Kenngröße werden die Distanzen der Micro-Trips verwendet. Die Clusteranzahl wird anhand der *Elbow*-Methode auf sechs bestimmt [80]. Auf Grundlage randomisiert gewählter Anfangszentren werden die Datenpunkte anhand ihrer euklidischen Distanz gegenüber den Zentren einzelnen Clustern zugeordnet. Für Folgeiterationen wird das arithmetische Mittel des Clusters als neues Zentrum definiert. Findet zwischen den Iterationen keine Änderung der Zentren mehr statt, wird die Berechnung beendet [81, 82]. Die in Tabelle 5.1 dokumentierten Kenngrößen bilden die Grundlage für den im Folgenden beschriebenen Algorithmus zur Berechnung der Stimuli.

Berechnungsalgorithmus

Die Berechnung von verketteten Fahrprofilen zur äquivalenten Nachbildung der Häufigkeitsverteilungen der dynamisch aufgeprägten Lasten im Serienbetrieb beschreibt ein kombinatorisches Optimierungsproblem. Zur Bestimmung von geeigneten Lösungen werden drei Gütekriterien f_D und eine Nebenbedingung betrachtet, womit das in Gleichung 5.1 beschriebene multikriterielle Optimierungsproblem zu lösen ist. Die verwendeten Gütekriterien beschreiben die Abweichungen der Häufigkeitsverteilungen zwischen Serienbetrieb und berechneter Stimuli; die Zieldistanz wird als Nebenbedingung in die Berechnung implementiert. Die Bestimmung der Zieldistanz erfolgt in Abschnitt 5.3.1 anhand eines Belastungskollektivs des Serienbetriebs.

$$\min_{x \in DB} \quad f_{MD}(\vec{x}) = \left(f_{D,a}(\vec{x}), f_{D,v}(\vec{x}), f_{D,s}(\vec{x})\right) \qquad \text{Gl. 5.1}$$

$$s.t. \quad d_{min} \leq \| d_{ist}(\vec{x}) - d_{ziel} \| \leq d_{max}$$

mit: f_D = Gütekriterien (Beschleunigung $f_{D,a}$, Geschwindigkeit $f_{D,v}$, Steigung $f_{D,s}$), $\vec{x}$ = ausgewählte Micro-Trips, DB = Datenbasis, d_{ist} = aktuelle Distanz, d_{ziel} = Zieldistanz, $d_{min,max}$= zulässige Abweichungen

Zur Quantifizierung der Abweichungen zwischen den Häufigkeitsverteilungen wird die *relative Entropie* aus der Informationstheorie als Gütekriterium verwendet. Ein Grundkonzept der Informationstheorie besteht darin, in Abhängigkeit der Auftretenswahrscheinlichkeit von Ereignissen die Informationsmenge zu steuern. Häufig auftretende Ereignisse werden möglichst kompakt – im Extremfall ohne Information – dargestellt, während unwahrscheinliche Ereignisse mehr Informationsgehalt haben. Zur Quantifizierung des Informationsgehalts wird die *Selbstinformation* I_ρ eines Ereignisses nach Gleichung 5.2 bestimmt [83].

$$I_\rho(x) = -\ln \rho(x) \qquad \text{Gl. 5.2}$$

mit: ρ = Häufigkeitsverteilung einer diskreten Zufallsvariable, x = Ereignis

Während die Selbstinformation die Informationsmenge einer konkreten Ausprägung quantifiziert, kann als Maß für die durchschnittliche Informationsmenge einer Zufallsvariablen die *Entropie E* nach Gleichung 5.3 für alle auftretenden Ausprägungen berechnet werden. Die Entropie wird anhand der Häufigkeitsverteilungen von Variablen berechnet und beschreibt deren Unbestimmtheit. So weist eine Verteilung {0 ; 1} eine Entropie von 0,0 Nat auf, während die Verteilung {0,5 ; 0,5} eine Entropie von 0,7 Nat aufweist [83, 84].

$$E(x) = -\sum\nolimits_{x \in X} \rho(x) \cdot \ln \rho(x) \qquad \text{Gl. 5.3}$$

mit: ρ = Häufigkeitsverteilung einer diskreten Zufallsvariable, X = diskrete Zufallsvariable

Aufbauend auf der Charakteristik der Entropie wird die relative Entropie D nach Gleichung 5.4 als Maß zur Quantifizierung der Abweichung zweier Verteilungsfunktionen definiert. Beschreibt eine gemessene Häufigkeitsverteilung ρ dieselben Ausprägungen wie die erwartete Häufigkeit σ, wird die relative Entropie zu null. Mit steigender Abweichung der Verteilungen steigt die relative Entropie. Zu beachten ist, dass die relative Entropie keine echte Metrik darstellt, da sie weder die Dreiecksungleichung erfüllt noch symmetrisch ist. Aufgrund der Asymmetrie ist die Wahl des Nenners entscheidend für die Ergebnisse [83, 84].

$$D(\rho \parallel \sigma) = \sum_{x \in X} \rho(x) \ln \frac{\rho(x)}{\sigma(x)} \qquad \text{Gl. 5.4}$$

mit: ρ = beobachtete Häufigkeitsverteilung der diskreten Zufallsvariable, σ = Vergleichsverteilung der diskreten Zufallsvariable, X = diskrete Zufallsvariable

Zur Lösung des Optimierungsproblems wird ein heuristischer Algorithmus nach dem Vorbild der *Greedy-Algorithmen* entwickelt [85]. Das Verfahren ist in Abbildung 5.3 als Ablaufplan dargestellt. Die Berechnung der Stimuli erfolgt sequenziell. Basierend auf einer randomisierten Initialisierung wird ein

Folge-Micro-Trip anhand den Differenzen zwischen den aktuellen Häufigkeitsverteilungen der bereits bestimmten Stimuliauswahl und den Vorgabeverteilungen definiert. Als lokal optimale Entscheidung wird in Anlehnung an Austin [43] ein Micro-Trip ausgewählt, der in der jeweiligen Iteration den größten Nutzen zur Zielerreichung liefert. Für die Geschwindigkeiten, Beschleunigungen und Steigungen werden Differenzverteilungen berechnet. Zusätzlich wird die aktuelle Distanz des Fahrprofils bestimmt. Anhand der berechneten Werte wird die Tabelle 5.1 auf Micro-Trips gefiltert, die an den Stützstellen der größten Abweichungen die höchsten Ausprägungen aufweisen und deren zurückgelegte Wegstrecke kleiner als die Differenz zur Zieldistanz ist. Die Auswahl eines Micro-Trips aus der gefilterten Datenbasis erfolgt randomisiert. Wird die Zieldistanz mit einem Prozent Abweichung erreicht, erfolgt eine randomisierte Entscheidung über ein Hinzufügen weiterer Micro-Trips oder das Beenden der Berechnung. Spätestens eine Überschreitung der Zieldistanz um mehr als ein Prozent beendet dabei einen Berechnungsdurchlauf.

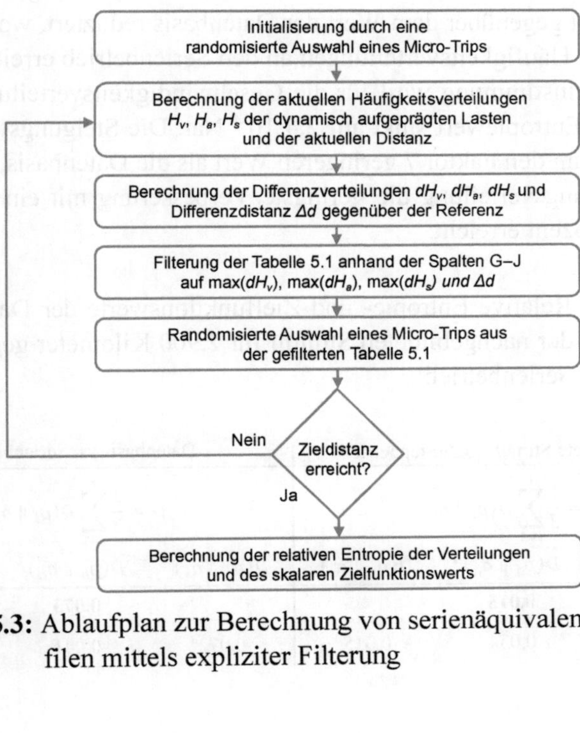

Abbildung 5.3: Ablaufplan zur Berechnung von serienäquivalenten Fahrprofilen mittels expliziter Filterung

Zur Überführung in ein einkriterielles Optimierungsproblem und der Bestimmung eines skalaren Zielfunktionswerts werden die relativen Entropiewerte der Verteilungsfunktionen arithmetisch gemittelt. Unter einer parallel berechneten Lösungsauswahl wird die Variante mit dem geringsten Zielfunktionswert als Lösung definiert. Das Ergebnis eines Berechnungsdurchlaufs ist in Gleichung 5.5 aufgezeigt. Die Liste L beschreibt Micro-Trip-IDs, die zur Bildung des serienäquivalenten verketteten Fahrprofils verwendet werden.

$$L = \{ID_1, ID_2, \dots, ID_n\} \qquad \text{Gl. 5.5}$$

mit: ID = genutzte Micro-Trip-IDs, n = Anzahl an Micro-trips

Ergebnisse

Die Gütekriterien der Berechnung eines Fahrprofils über 2.900 Kilometer (s. Abschnitt 5.3.1) sind im linken Teil der Tabelle 5.2 zusammengefasst. Der rechte Teil beschreibt die entsprechenden Gütekriterien der Datenbasis als Referenz. Der Zielfunktionswert $\overline{D}$ wird anhand der Nachbildung der Stimuli um 79,45 Prozent gegenüber dem Wert der Datenbasis reduziert, womit eine Annäherung der Häufigkeitsverteilungen an den Serienbetrieb erreicht wird. Die größte Übereinstimmung wird für die Geschwindigkeitsverteilungen erzielt. Der relative Entropiewert sinkt auf $2{,}4 \cdot 10^{-4}$ Nat. Die Steigungsverteilung erreicht einen um den Faktor 7 geringeren Wert als die Datenbasis, während die Beschleunigungsverteilung die geringste Verbesserung mit einer Reduktion um 17,07 Prozent erreicht.

Tabelle 5.2: Relative Entropie- und Zielfunktionswerte der Datenbasis und der nachgebildeten Stimuli für 2.900 Kilometer gegenüber dem Serienbetrieb

Nachgebildete Stimuli vs. Serienbetrieb			Datenbasis vs. Serienbetrieb		
	$\overline{D} = \frac{1}{3}\sum_{i=1}^{i} D(\rho_i \parallel \sigma_i)$			$\overline{D} = \frac{1}{3}\sum_{i=1}^{i} D(\rho_i \parallel \sigma_i)$	
$D(\rho_v \parallel \sigma_v)$	$D(\rho_a \parallel \sigma_a)$	$D(\rho_s \parallel \sigma_s)$	$D(\rho_v \parallel \sigma_v)$	$D(\rho_a \parallel \sigma_a)$	$D(\rho_s \parallel \sigma_s)$
	0,015			**0,073**	
0,000 ($2{,}4e^{-4}$)	0,034	0,015	0,072	0,041	0,105

Abbildung 5.4 zeigt die drei Häufigkeitsverteilungen der nachgebildeten Stimuli sowie des Serienbetriebs in bekannter Darstellung. Die Visualisierung unterstreicht die erfolgreiche Nachbildung der Serienlasten, mit Ausnahme der Stützstellen 7–9 der Beschleunigungsverteilung. Die Stützstellen beschreiben den Übergang von negativen zu positiven Beschleunigungen. Stützstellenspezifisch ergeben sich in diesem Bereich Abweichungen von 3,21 bis 5,05 Prozent. Die Abweichungen resultieren aus einer nicht ausreichenden Abbildung der entsprechenden Charakteristik in der Datenbasis. Durch eine zielgerichtete Filterung der Datenbasis kann das Phänomen gelöst und die Nachbildungsgüte weiter gesteigert werden, wobei hierdurch der Umfang der Datenbasis um 71 Prozent reduziert wird. Eine detailliertere Ausführung des Phänomens ist in einer früheren Arbeit [86] aufgezeigt, in der auch die Berechnung variierender Distanzen untersucht wird. Für die weitere Anwendung in dieser Arbeit wird die Differenz als bestehende Ungenauigkeit akzeptiert.

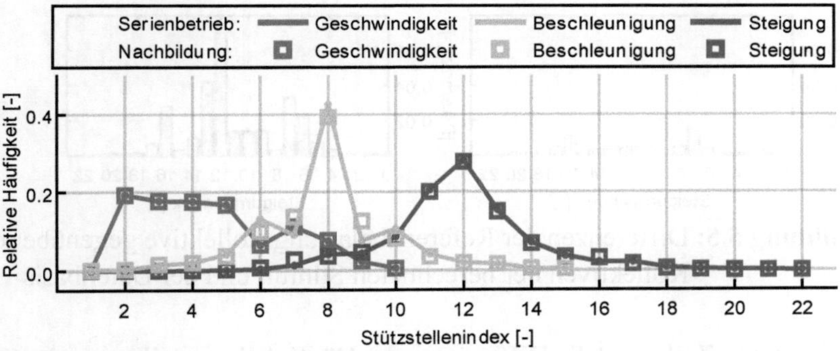

Abbildung 5.4: Ergebnis einer Stimuliberechnung für eine Zieldistanz von 2.900 Kilometer

Zur abschließenden Qualitätsbewertung sind in Abbildung 5.5 die Differenzen der Belastungskollektive der nachgebildeten Stimuli sowie der Datenbasis gegenüber dem Serienbetrieb dargestellt. Die linke Spalte zeigt die Kollektive des berechneten Fahrprofils, die rechte Spalte die Kollektive der Datenbasis. In der oberen Zeile sind die Geschwindigkeits-Beschleunigungsmatrizen dargestellt. Für die Geschwindigkeits-Beschleunigungsmatrix der Nachbildung ergibt sich eine maximale Differenz gegenüber dem Serienbetrieb von 1,50 Prozent. Die maximale Abweichung tritt im Bereich einer näherungsweise konstanten Fahrt mit geringen Geschwindigkeiten auf (Geschwindigkeitsindex 2, Beschleunigungsindex 8). Die weiteren Zellen weichen entsprechend gering von den Serienbelastungen ab. Während beide Kollektive für die Beschleunigungsindizes 1–4 sowie 12–15 eine hohe Übereinstimmung mit dem Serienbetrieb aufweisen, weist die Datenbasis über den weiteren Beschleunigungsstützstellen und über der Geschwindigkeit höhere Differenzen als die Nachbildung der Stimuli auf.

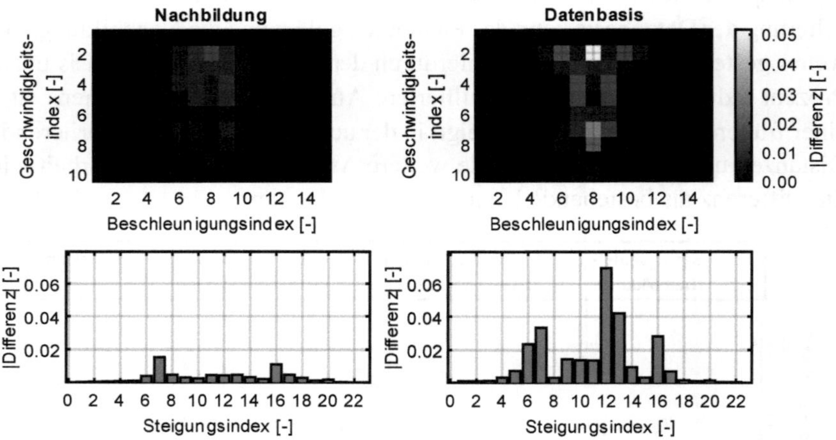

Abbildung 5.5: Differenzen der Referenzbelastungskollektive gegenüber den Kollektiven der berechneten Stimuli und der Datenbasis

In der unteren Zeile sind die Differenzen der Häufigkeitsverteilungen der Steigungen dargestellt. Während die Differenz der nachgebildeten Verteilung im Maximum 1,54 Prozent beträgt, wird diese im Durchschnitt auf 0,32 Prozent reduziert. Die Differenz der Datenbasis weist einen Maximalwert von 6,97 Prozent und einen Durchschnitt von 1,26 Prozent auf. Insgesamt ermöglicht die vorgestellte Methode eine Steigerung der Abbildungsgüte des Serienbetriebs.

Ein Vergleich mit Ergebnissen bekannter Arbeiten ist in Tabelle 5.3 zusammengefasst. In den Zeilen 1 und 2 sind Ergebnisse der serienbasierten Datensynthese dargestellt, während die Zeilen 3 und 4 Ergebnisse der äquivalenten Datensynthese zeigen. Als Gütekenngröße für den Nachbau der Datenbasis ist mit Ausnahme von Zeile 1 jeweils die Kenngröße aus den Vergleichsarbeiten übernommen. Für die serienbasierte Datensynthese wird mit der vorgestellten Methode eine Steigerung der Nachbildungsgüte gegenüber den Vergleichsarbeiten erreicht. Auch im Vergleich zu dem Ergebnis der äquivalenten Datensynthese aus Zeile 3 zeigt die vorgestellte Methode eine höhere Güte, während im Vergleich zu Zeile 4 Potenzial zur Verbesserung ersichtlich ist. Zur weiteren Erhöhung der Nachbildungsgüte sollte die Nutzung der vorhandenen Daten weiter ausgebaut werden. Hierzu können unterbrochene Messungen der Straßenerprobung zusammengeführt und zur Berechnung der serienäquivalenten Stimuli eingesetzt werden. Die Anzahl an nutzbaren Messungen kann durch diese Maßnahme um 60 Prozent gesteigert werden.

Tabelle 5.3: Vergleich der Ergebnisgüte der nachgebildeten Geschwindigkeiten und Beschleunigungen mit bekannten Ansätzen anhand verschiedener Kenngrößen

	Kenngröße	Einheit	Vergleichsarbeit	Wert	Nachgebildete Stimuli vs. Serienbetrieb
1	$D(\rho_v \parallel \sigma_v)$[1]	[Nat]	[60]	0,019	$2{,}4e^{-4}$
2	RMSE[2]	[-]	[87]	0,4	0,003
3	$dh_{a,v}$[3]	[-]	[53]	0,367	0,226
4	RMSRE[4]	[-]	[50]	0,083	0,416

Der vorgestellte Algorithmus berücksichtigt zur Filterung der Micro-Trips keine chronologische Abfolge und auch die Dauer von Stillstandsphasen wird nicht berücksichtigt. Hierzu sind keine Informationen in den im Serienbetrieb dokumentierten Daten vorhanden. Daher werden die Stillstandsphasen zwischen Micro-Trips und die chronologische Reihenfolge im Weiteren in separaten Berechnungsschritten implementiert.

[1] nach Gleichung 5.4
[2] Root Mean Squared Error
[3] nach Gleichung 3.3
[4] Root Mean Squared Relative Error

Chronologie der Micro-Trips

Die Reihenfolge der Listenelemente nach Gleichung 5.5 basiert auf einem zufällig gewählten Micro-Trip zur Initialisierung der Berechnung und den zu jedem Berechnungsschritt gewählten Micro-Trips zur bestmöglichen Erfüllung der Vorgabeverteilungen. Die Chronologie des verketteten Fahrprofils steht somit noch in keinem Zusammenhang zum realen Straßenversuch. Entsprechend wird eine Permutation zur Definition einer möglichst wahrscheinlichen chronologischen Abfolge der Micro-Trips gesucht. Die mögliche Anzahl an Permutationen π_n der Ergebnisliste wird durch die Anzahl an gewählten Micro-Trips bestimmt und kann nach Gleichung 5.6 berechnet werden [69]. Im vorgestellten Beispiel werden die 2.900 Kilometer aus 1.643 Micro-Trips gebildet.

$$\pi_n = n! \qquad \text{Gl. 5.6}$$

mit: n = Anzahl Elemente (Micro-Trips)

Aufgrund der hohen Anzahl an Möglichkeiten wird eine probabilistische Bestimmung mittels homogenen Markov-Ketten durchgeführt [46]. Zur Berechnung eines Folgezustands werden die Übergangswahrscheinlichkeiten zwischen den Micro-Trips benötigt. Basierend auf der Dokumentation von Zeitmessschrieben im Entwicklungsbetrieb ist die chronologische Abfolge von Ereignissen der Datenbasis bekannt, womit die Zeitmessschriebe zur Definition einer Übergangsmatrix nach Gleichung 3.2 geeignet sind. Als Zustand werden die in Tabelle 5.1 dokumentierten Cluster eingesetzt. Für jede Messung wird die Reihenfolge der zugeordneten Cluster der einzelnen Micro-Trips ausgewertet und die Übergänge in einer Matrix gespeichert.

Abbildung 5.6 zeigt die berechnete Übergangsmatrix auf Grundlage der Datenbasis und sechs streckenbasierten Clustern. Die Zeilen stehen für die Cluster im Zustand i; die Spalten stehen für die Cluster im Zustand l. Jede Zelle gibt die Übergangswahrscheinlichkeit zwischen den jeweiligen Clustern beider Zustände an. Die Zeilensummen der Matrix sind eins [46]. Für Micro-Trips des ersten Clusters liegt die Wahrscheinlichkeit, dass ein folgender Micro-Trip ebenfalls dem ersten Cluster zugeordnet wird, bei 78 Prozent. Die Wahrscheinlichkeiten für den zweiten und dritten Cluster betragen 18 und 3 Prozent. Mit steigendem Clusterindex steigt auch die Wahrscheinlichkeit für höhere Folgecluster, wobei der Clusterindex 1 mit Wahrscheinlichkeiten größer 37 Prozent dominiert. Entsprechend folgt in der realen Straßenerprobung unabhängig von der Distanz eines Micro-Trips am häufigsten ein Micro-Trip entsprechend einer Distanz des ersten Clusters. Zur Definition einer Permutation und damit der chronologischen Reihenfolge der Micro-Trips im Fahrprofil wird die Ergebnisliste sequenziell neugeordnet. Basierend auf einem initialen Micro-Trip wird anhand der Übergangsmatrix die Folgeclusternummer bestimmt und aus dem definierten Cluster randomisiert ein zugehöriger Micro-Trip ausgewählt.

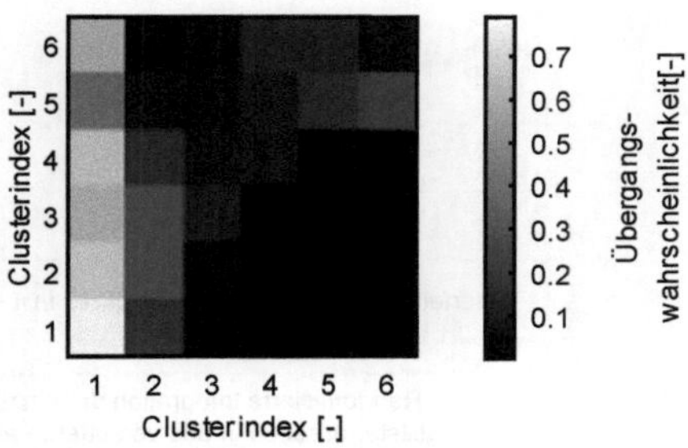

Abbildung 5.6: Übergangsmatrix der Datenbasis für sechs streckenbasierte Cluster

Insgesamt stellt die Bestimmung der chronologischen Reihenfolge eine initiale Implementierung dar. Neben der Fahrtdistanz als Basis für die Clusterbildung können weitere Kenngrößen wie die Fahrdynamik oder die umgesetzte Energie innerhalb der Micro-Trips berücksichtigt werden.

Stillstandsphasen

Da auch die Dauer einzelner Stillstandsphasen nicht im Seriensteuergerät dokumentiert wird, werden diese ebenfalls synthetisch in die Fahrprofile integriert. Als Basis dient die in der Geschwindigkeits-Beschleunigungsmatrix dokumentierte Gesamtstillstandszeit im Serienbetrieb. Abbildung 5.7 zeigt den Ablaufplan der Berechnung. Aus der relativen Stillstandszeit des Belastungskollektivs wird eine fahrprofilspezifische absolute Stillstandszeit bestimmt. Da ein Hinzufügen der Stillstandszeit die Gesamtdauer des Fahrprofils verändert, wird eine iterative Berechnung implementiert. Bei Erreichen einer definierten Toleranz wird die Berechnung beendet. Nach 15 Iterationen konvergiert die Gesamtdauer auf eine Genauigkeit von fünf Nachkommastellen.

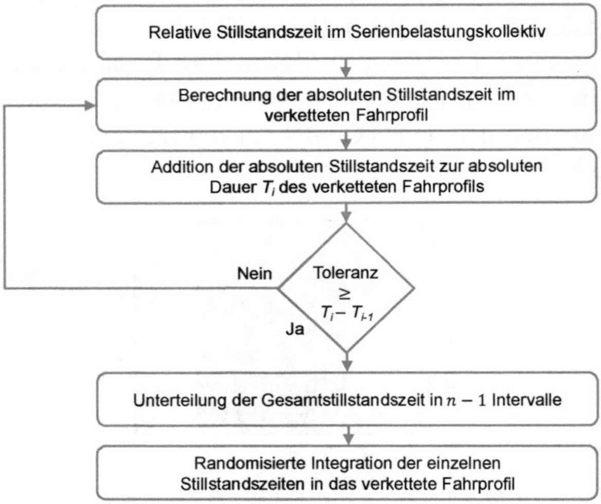

Abbildung 5.7: Ablaufplan zur Integration von Stillstandsphasen basierend auf Daten aus dem Serienbetrieb

Als Grundlage zur Bestimmung einzelner Stillstandsphasen dient der *Krämer Algorithmus* zur Berechnung von Zufallsstichproben [88]. Basierend auf einer Gleichverteilung werden randomisiert $n-1$ Werte zwischen einer definierten Mindestdauer und der bestimmten Gesamtstillstandszeit ermittelt. Durch anschließende Sortierung nach aufsteigender Reihenfolge wird die Gesamtstillstandzeit in Intervalle untergliedert. Abbildung 5.8 visualisiert das Prinzip am Beispiel einer Gesamtstillstandszeit von 60 Sekunden und der Nutzung von sieben Micro-Trips. Die Intervallgrenzen g_1–g_6 repräsentieren die randomisiert bestimmten Werte, während die resultierenden Abstände T_{St1}–T_{St6} die zu verteilenden Stillstandsphasen beschreiben. Die Integration der Stillstandsphasen in das verkettete Fahrprofil erfolgt ebenfalls randomisiert an den Übergängen zwischen den Micro-Trips.

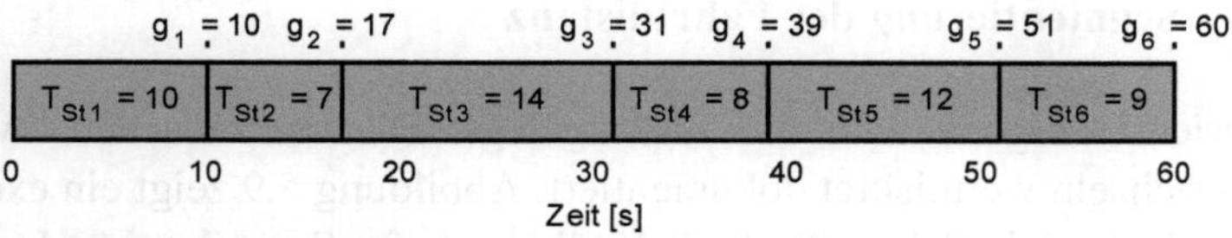

Abbildung 5.8: Exemplarische Bestimmung einzelner Stillstandszeiten

Neben der Abbildung der Häufigkeitsverteilungen der dynamisch aufgeprägten Lasten ist die Länge einer einzelnen Fahrt für das Systemverhalten von Bedeutung [37]. Speziell für elektrifizierte Antriebsstränge steigt der Einfluss der Fahrtdistanz auf die Regelung des Antriebsstrangs. Durch eine Berücksichtigung der am Stück gefahrenen Distanzen in der Entwicklung kann das Systemverhalten zielgerichteter an den Einsatz im Serienbetrieb angepasst werden. Zur Bestimmung der Distanzen wird ebenfalls ein Belastungskollektiv aus dem Serienbetrieb als Referenz eingesetzt. Des Weiteren beeinflussen Randbedingungen wie der Ladezustand der Traktionsbatterie und die Umgebungstemperatur das System.

5.3 Implementierung von Randbedingungen

Im etablierten Entwicklungsparadigma wird durch eine geeignete Wahl von Versuchsfahrten in der Phase der Straßenerprobung ein Testen unter verschiedensten Randbedingungen erreicht. Zur Steigerung einer kundenfokussierten Entwicklung in frühen Phasen des PEP werden neben den Belastungskollektiven der dynamisch aufgeprägten Lasten weitere im Serienbetrieb dokumentierte Belastungen berücksichtigt. Als *statisch aufgeprägte Lasten* werden Fahrstrecken zwischen zwei Zündungswechseln, Umgebungstemperaturen und die aktuelle Betriebsart (Sustaining/Depleting) als Randbedingungen implementiert.

5.3.1 Segmentierung der Fahrtdistanz

Im Seriensteuergerät wird die zurückgelegte Distanz zwischen zwei Zündungswechseln wertdiskret dokumentiert. Abbildung 5.9 zeigt ein exemplarisches Belastungskollektiv für die Fahrtdistanzen im Serienbetrieb. Im Kollektiv sind die gefahrenen Strecken in zehn Distanzklassen eingeteilt. Die Daten zeigen eine rechtsschiefe Verteilung. Die ersten beiden Klassen repräsentieren zusammen über 50 Prozent der Fahrten, wobei die zweite Klasse die häufigste Ausprägung aufweist. Mit steigender Distanz sinkt der Anteil der Klassen an der Gesamthäufigkeit. Die ersten fünf Distanzklassen umfassen kumulativ über 90 Prozent aller Fahrten. Die gefahrenen Distanzen beschreiben typische Fahrstrecke im Alltag. Längere Fahrten ohne Zündungswechsel repräsentieren in Abhängigkeit der Klassen zwischen 0,5 und 3,0 Prozent aller Fahrten.

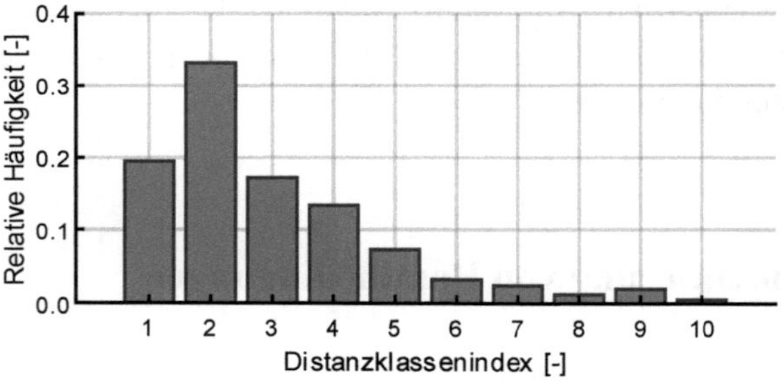

Abbildung 5.9: Häufigkeitsverteilung der gefahrenen Distanzen zwischen zwei Zündungswechseln im Serienbetrieb

Um auch das Streckenverhalten der Kunden bereits in der Entwicklung zu berücksichtigen, wird das verkettete Fahrprofil in Segmente variierender Länge aufgeteilt. Jedes Segment repräsentiert dabei eine Einzelfahrt, deren Distanz basierend auf dem vorgestellten Belastungskollektiv des Serienbetriebs bestimmt wird. Die notwendige Gesamtdistanz des verketteten Fahrprofils wird anhand der Anzahl an Einzelfahrten pro Distanzklasse ermittelt. Hierzu wird der Klasse mit der geringsten Häufigkeit eine frei wählbare Anzahl an Fahrten zugeordnet und die entsprechenden absoluten Häufigkeiten für jede Klasse berechnet. Tabelle 5.4 zeigt die im Beispiel resultierende Anzahl an Fahrten pro Distanzklasse. Die Distanzklasse 10 weist die geringste Ausprägung auf und die Anzahl der Fahrten wird im Beispiel auf eins festgelegt. Aus den gerundeten Werten resultieren insgesamt 189 Einzelfahrten, die eine Distanz von 2.900 Kilometern beschreiben.

Tabelle 5.4: Ermittlung der Anzahl an Einzelfahrten pro Distanzklasse

Distanzklassenindex [-]	1	2	3	4	5	6	7	8	9	10	∑ Einzelfahrten
Anzahl an Fahrten k [-]	37	63	32	25	14	6	5	2	4	1	189

Das verwendete Fahrprofil wird aus 1.643 Micro-Trips gebildet. Die Distanzen der einzelnen Micro-Trips ergeben sich im Straßenversuch der Entwicklungsfahrzeuge und sind somit vorgegeben, wobei 90 Prozent der Daten den zwei Clustern mit den geringsten Distanzen zugeordnet sind. Um das Streckenverhalten der Kunden äquivalent abzubilden, müssen mehrere Micro-Trips zu Einzelfahrten zusammengefasst werden. Analog zur Nachbildung der dynamisch aufgeprägten Lasten dienen die Distanzklassen und ihre Häufigkeiten im Belastungskollektiv als Vorgabe.

Neben der zurückgelegten Strecke ist auch die Dynamik einer Fahrt maßgebend für das Fahrzeugverhalten. Zur Quantifizierung dient im Folgenden der *Relative-Positiv-Acceleration* (RPA)-Index nach Gleichung 5.7 [39]. Der Quotient beschreibt das Verhältnis zwischen der Intensität von Beschleunigungsphasen und der zurückgelegten Strecke einer Fahrt. Der RPA-Index wird als ergänzender Parameter zur Aufteilung des Fahrprofils in Einzelfahrten eingesetzt. Die Dynamik-Distanzwerte der einzelnen Micro-Trips sind in Abbildung 5.10 visualisiert. Zur Normierung der Distanz sind die Daten auf die obere Grenze der Distanzklasse 5 bezogen, wodurch der betrachtete Parameterraum 90 Prozent der im Serienbetrieb auftretenden Fahrstrecken abbildet. Die Dynamikwerte der Fahrten sind auf einen gerundeten Maximalwert normiert.

$$RPA = \frac{1}{d} \int_0^T v(t) \cdot a^+(t)\, dt \qquad \text{Gl. 5.7}$$

mit: d = Distanz [m], T = Dauer [s], v = Geschwindigkeit [m/s], a^+ = positive Beschleunigung [m/s²], t = aktueller Zeitschritt [s]

Zur Ermittlung potenzieller Einzelfahrten wird eine Sammlung an *Pseudo-Fahrten* berechnet. Die chronologische Abfolge im verketteten Fahrprofil ist bereits wahrscheinlichkeitsbasiert bestimmt. Entsprechend wird das Fahrprofil unter Einhaltung der Micro-Trip-Reihenfolge unterteilt. Die Bezeichnung Pseudo-Fahrten resultiert aus einer Mehrfachnutzung von Micro-Trips in diesem Berechnungsschritt. Die Ergebnisliste L des verketteten Fahrprofils beschreibt n unterscheidbare Elemente, die in ihrer Gesamtheit die Häufigkeitsverteilungen der dynamisch aufgeprägten Lasten repräsentieren. Werden Listenelemente mehrfach verwendet, wird die Nachbildung der Häufigkeitsverteilungen negativ beeinflusst. Die Pseudo-Fahrten dienen der Berechnung möglicher Dynamik-Distanz-Kombinationen und bilden die Grundlage zur Auswahl von Einzelfahrten.

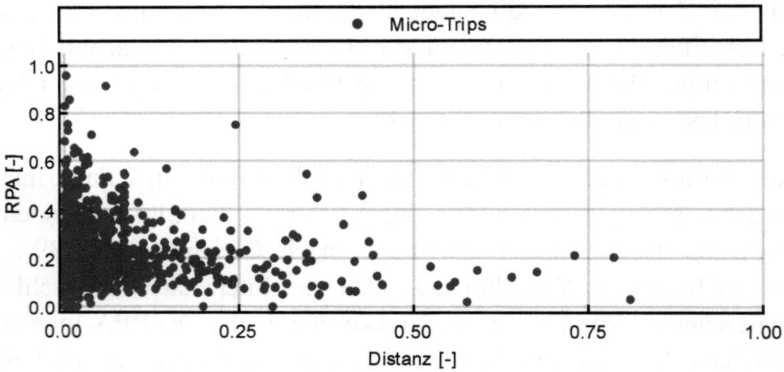

Abbildung 5.10: Dynamik- und Distanz-Werte der genutzten Micro-Trips

Zur Bestimmung der Pseudo-Fahrtensammlung wird die Ergebnisliste der Micro-Trip-IDs gerastert. Die Rasterung wird für jede Distanzklasse separat durchgeführt. Beginnend mit dem ersten Eintrag der Ergebnisliste werden bis zur Erreichung der Mindestlänge der aktuellen Distanzklasse weitere Micro-Trips einer Fahrt hinzugefügt. Das erstellte Segment wird der Sammlung an Pseudo-Fahrten hinzugefügt. Im Weiteren wird mit jedem Hinzufügen eines Micro-Trips eine neue Pseudo-Fahrt generiert. Wird die Maximaldistanz der Klasse überschritten, wird die Iteration beendet. Die darauffolgende Pseudo-Fahrt beginnt mit dem zweiten Eintrag der Ergebnisliste und folgt demselben Schema. Sind alle Micro-Trips des verketteten Fahrprofils als Start zur Generierung von Pseudo-Fahrten einer Distanzklasse genutzt, folgt die Berechnung der Pseudo-Fahrten für die weiteren Distanzklassen. Der gewählte *Brute-Force-Ansatz* gewährleistet die Bestimmung sämtlicher möglicher Pseudo-Fahrten. In Summe werden aus den Micro-Trips des verketteten Fahrprofils $3 \cdot 10^5$ Pseudo-Fahrten berechnet. Um sehr dynamische Micro-Trips nicht an explizite Einzelfahrten zu binden, werden Ausreißer-Fahrten aus der Pseudo-Fahrtensammlung gefiltert. Die Ergebnisse sind in Abbildung 5.11 als Dynamik-Distanz-Kombinationen der Pseudo-Fahrten dargestellt. Die Normierungswerte sind aus Abbildung 5.10 übernommen.

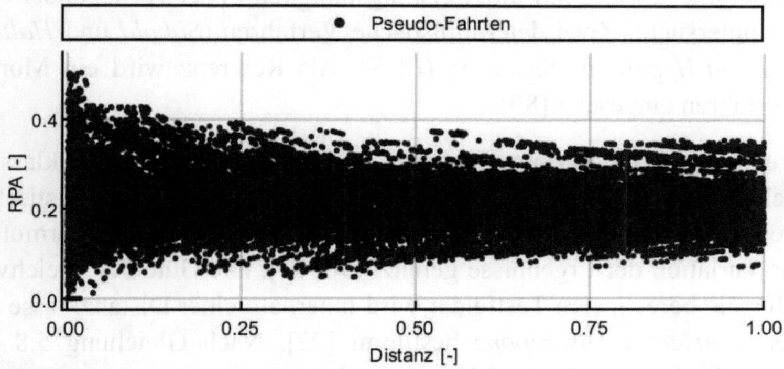

Abbildung 5.11: Pseudo-Fahrten als Parameterraum zur Berechnung von Einzelfahrten

Die Sammlung der Pseudo-Fahrten definiert einen Parameterraum an potenziellen Dynamik-Distanz-Kombinationen, aus dem im Weiteren Fahrten ausgewählt werden. Der Quantisierungsfehler der wertdiskreten Dokumentation im Seriensteuergerät resultiert in einem Verlust der Information über die Verteilungen einzelner Fahrten innerhalb der Distanzklassen. Auch wird im untersuchten Fahrzeugprojekt keine Information über vorkommende Dynamik-Distanz-Kombinationen oder eine fahrtspezifische Dynamik im Serienbetrieb erfasst. Um dennoch eine möglichst breite Testabdeckung zu erzielen, wird eine synthetische Vorgabe in Form einer möglichst gleichmäßigen Verteilung der Einzelfahrten anhand von Testfeldern definiert [89].

Es werden Testpunkte (Einzelfahrten) $\{\kappa_1, \dots, \kappa_k\}$ gesucht, die eine möglichst gute Verteilung im Parameterraum aufweisen. Somit wird sichergestellt, dass anhand der durchgeführten Tests die maximale Informationsmenge gewonnen wird. Bei der Verwendung von *Vollfaktorplänen*, also der gleichmäßigen Rasterung des Parameterraums, wird durch wiederholte Dynamik- und Distanzwerte die Vielfalt der Tests eingeschränkt. Alternativ können Testpunkte randomisiert durch *Monte-Carlo-Verfahren* generiert werden. Hierbei wird zwar die Wiederholung reduziert, allerdings ergeben sich Lücken im Parameterraum. Mittels Algorithmen zur Berechnung von gleichverteilten Testfeldern wird diese Problematik vermieden. Zur Maximierung der Gleichverteilung der Einzelfahrten im Parameterraum bei gegebener Anzahl an Testpunkten werden drei gängige Ansätze auf ihre Leistungsfähigkeit in der vorliegenden Anwendung untersucht: Zwei deterministische Verfahren (*Sobold* und *Halton*) und ein *Latin-Hypercube-Sampling* (LHS). Als Referenz wird ein Monte-Carlo-Verfahren eingesetzt [89].

Zur Untersuchung der Verfahren werden im Parameterraum distanzklassenspezifisch jeweils 100 Testfelder berechnet. Um auch für die deterministischen Verfahren variierende Testfelder zu untersuchen, werden zufällige Permutationen zur Variation der Ergebnisse genutzt [90, 91]. Die Güte der Gleichverteilung für die berechneten Testfelder wird innerhalb einer Distanzklasse anhand der *zentrierten Diskrepanz* bestimmt [92]. Nach Gleichung 5.8 beschreibt die Diskrepanz $\mathcal{D}$ die Differenz des Quotienten aus der Anzahl an Testpunkten in einem definierten Raum und der Gesamtanzahl an Tests sowie dem eingeschlossenen Volumen [89].

$$\mathcal{D}(x) = \left| \frac{N(\tau, [0, x))}{k} - Vol([0, x)) \right| \qquad \text{Gl. 5.8}$$

mit: N = Anzahl Testpunkte, τ = Testfeld, x = Punkt im Parameterraum, k = Gesamtanzahl an Tests, Vol = Volumen im Parameterraum

Die Ergebnisse der 100 Berechnungen sind als klassenspezifische arithmetische Mittel in Abbildung 5.12 zusammengefasst und auf die Ergebnisse einer randomisierten Bestimmung durch Monte-Carlo-Simulation normiert. Über die Distanzklassen variieren die Diskrepanzwerte der Verfahren im Maximum zwischen 23,31 und 27,41 Prozent und im Minimum zwischen 0,42 und 7,50 Prozent gegenüber den Monte-Carlo-Diskrepanzwerten. Dabei zeigt das LHS tendenziell die geringsten Werte. Auch im arithmetischen Mittel über die Distanzklassen weist das LHS die geringste zentrierte Diskrepanz auf und wird zur Bestimmung der Vorgabe an Einzelfahrten in die Berechnung implementiert. Da in Distanzklasse 10 ausschließlich eine Messung vorhanden ist wird hier auf die Berechnung eines Diskrepanzwerts verzichtet.

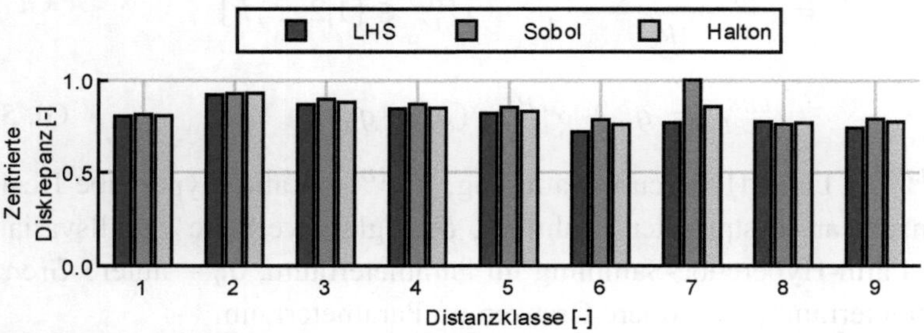

Abbildung 5.12: Untersuchung der Methoden zur Berechnung von Testfeldern

Zur Bestimmung des LHS-Testfelds wird der Parameterraum entsprechend der Anzahl an Fahrten k einer Distanzklasse in k Spalten und k Zeilen unterteilt. Dieses *Latin-Hypercube-Design* (LHD) wird durch die Matrix X^{LHD} der Dimension $k \times N_p$ beschrieben. Die Parameteranzahl N_p in der Anwendung der Einzelfahrtenbestimmung beträgt zwei (Dynamik und Distanz). Die Spalten werden aus randomisierten Permutationen des Vektors $\{1,2,\dots,k\}$ gebildet; die Zeilen beschreiben die Punkte des LHD. Ausgehend von $x_{i,j}^{LHD}$ werden nach Gleichung 5.9 randomisierte Versuchspunkte im Einheitsraum berechnet [89, 93]. Zur Übertragung auf den Parameterraum des Anwendungsfalls werden die erzeugten Punkte im Einheitswürfel nach Gleichung 5.10 skaliert [94].

Ein berechnetes Testfeld dient als Referenzvorgabe für eine möglichst gleichverteilte Anordnung von Einzelfahrten innerhalb der Distanzklassen. Abbildung 5.13 zeigt ein exemplarisches Testfeld für die ersten fünf Distanzklassen im Parameterraum der Pseudo-Fahrten. Auf Grundlage der Mehrfachnutzung von Micro-Trips für die Berechnung der Pseudo-Fahrtensammlung ist die exakte Nachbildung des Vorgabetestfelds nicht möglich. Die Bestimmung einer Einzelfahrt eliminiert sämtliche Pseudo-Fahrten, die mindestens einen gemeinsamen Micro-Trip aufweisen. Die Berechnung erfolgt anhand eines Standard-GA [95]. Zur Berücksichtigung der Mehrfachnutzung von Micro-Trips wird die Bestimmung eines Individuums sequenziell durchgeführt, während die Individuen einer Population parallel berechnet werden können.

$$x_{i,j}^{LHS} = \frac{x_{i,j}^{LHD} - U[0,1)}{k}, \qquad x_{i,j}^{LHD} \in \{1,2,\dots,k\} \qquad \text{Gl. 5.9}$$

$$x_{ij,PR}^{LHS} = g_u + x_{ij}^{LHS} \cdot (g_o - g_u) \qquad \text{Gl. 5.10}$$

mit: X^{LHS} = Latin-Hypercube-Sampling, X^{LHD} = Latin-Hypercube-Design, k = Anzahl an Testpunkten (Fahrten), U = gleichverteilte Zufallsvariable, X_{PR}^{LHS} = Latin-Hypercube-Sampling im Parameterraum, g_u = untere Grenzen im Parameterraum, g_o = obere Grenzen im Parameterraum

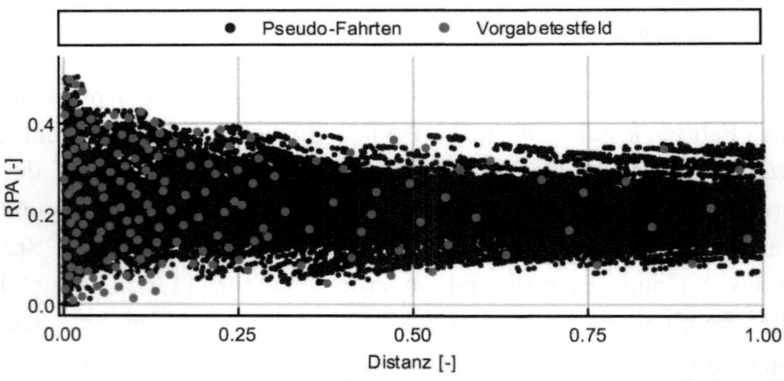

Abbildung 5.13: Vorgabetestfeld im Parameterraum zur Bestimmung der Einzelfahrten

Nach dem Vorbild des Problems des Handlungsreisenden wird als Optimierungsvariable die Reihenfolge der Einzelfahrtenauswahl modifiziert [23]. Da durch die Auswahl einer Einzelfahrt die Pseudo-Fahrtensammlung reduziert wird, hat die Reihenfolge Einfluss auf die erreichbare Güte. Ziel ist es, eine Kombination von Einzelfahrten zu definieren, die eine möglichst hohe Gleichverteilung für jede Distanzklasse gewährleisten. Es ist das multikriterielle Optimierungsproblem nach Gleichung 5.11 zu lösen. Als Gütekriterien werden die zentrierten Diskrepanzen der einzelnen Distanzklassen in Abhängigkeit der gewählten Permutation verwendet. Zur Transformation in ein einkriterielles Optimierungsproblem wird das arithmetische Mittel der distanzklassenspezifischen Diskrepanzen als skalarer Zielfunktionswert berechnet. Abbildung 5.14 zeigt den Ablaufplan zur Berechnung der Einzelfahrten.

$$\min_{\vec{x} \in \pi_k} \quad f_{MDK}(\vec{x}) = \left(f_{DK,1}(\vec{x}), f_{DK,2}(\vec{x}), \ldots, f_{DK,10}(\vec{x})\right) \qquad \text{Gl. 5.11}$$

mit: $f_{DK,i}$ = zentrierte Diskrepanz der Distanzklassen, π_k= alle Permutationen der unterscheidbaren Elemente k

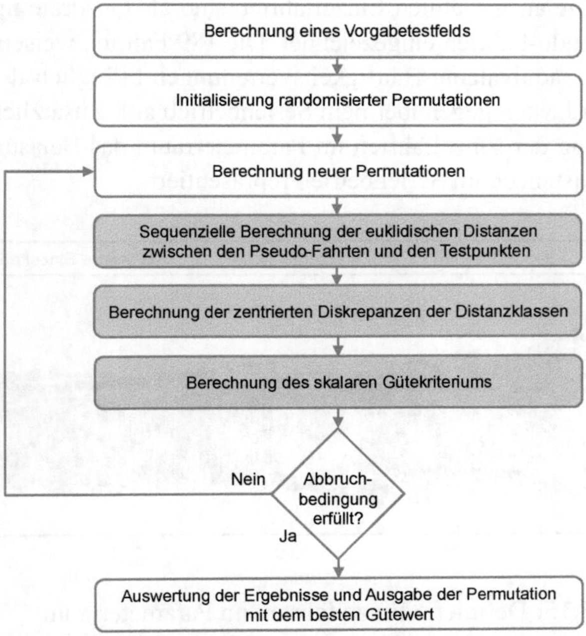

Abbildung 5.14: Ablaufplan zur Berechnung von Einzelfahrten basierend auf einem Vorgabetestfeld im Parameterraum der Pseudo-Fahrten

Startend mit randomisiert gewählten Permutationen werden diese durch den Algorithmus optimiert. Ausgehend von einem Testpunkt j des Vorgabetestfelds werden die euklidischen Distanzen zu allen verfügbaren Pseudo-Fahrten berechnet. Die Pseudo-Fahrt mit der geringsten Distanz gegenüber dem Testpunkt wird als Einzelfahrt ausgewählt. Ist für jede Distanzklasse die definierte Anzahl an Einzelfahrten bestimmt, wird die Gleichverteilung der Einzelfahrten berechnet und eine neue Generation an Individuen bestimmt. Als probabilistische Elternselektion wird eine *Turnierselektion* durchgeführt, neue Individuen werden anhand eines *Ein-Punkt-Crossover* erzeugt und zur Sicherstellung eines explorativen Anteils im Suchprozess wird ein *Mutationsoperator* implementiert [95].

Ein exemplarisches Testfeld berechneter Einzelfahrten ist in Abbildung 5.15 dargestellt. Die ausgewählten Einzelfahrten sind als Quadrate im Parameterraum der Pseudo-Fahrten eingezeichnet. Die 189 Fahrten weisen gesamtheitlich weiterhin äquivalente Häufigkeitsverteilungen bezüglich der dynamisch aufgeprägten Lasten gegenüber dem Serienbetrieb auf. Zusätzlich wird durch die Anordnung der Einzelfahrten im Parameterraum das Belastungskollektiv gefahrener Distanzen im Serienbetrieb repräsentiert.

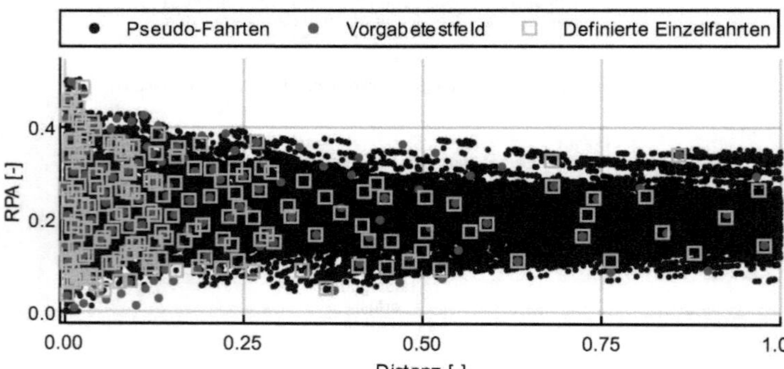

Abbildung 5.15: Definierte Einzelfahrten im Parameterraum

Die erreichten Diskrepanzwerte sind in Tabelle 5.5 zusammengefasst. Ergänzend sind die Werte einer randomisierten Berechnung aufgeführt. Zur Bestimmung der randomisiert verteilten Einzelfahrten wird die Optimierungsvariable des GA als Permutation der Distanzklassen der Einzelfahrten abgebildet. Die Selektion einer konkreten Einzelfahrt erfolgt randomisiert. Für die ersten drei Distanzklassen ermöglicht die Nutzung des LHS-Referenztestfelds eine Reduktion der Diskrepanzwerte zwischen 90,7 und 95,6 Prozent gegenüber einer randomisierten Verteilung der Einzelfahrten im Parameterraum. Für die weiteren Klassen variiert die Verbesserung zwischen 17,0 und 75,3 Prozent. Im arithmetischen Mittel wird die Diskrepanz über den Distanzklassen um 56,4 Prozent reduziert.

Tabelle 5.5: Vergleich erreichter Diskrepanzwerte unter der Nutzung des LHS-Vorgabetestfelds und einer randomisierten Berechnung der Einzelfahrten

Distanz-klasse [-]	Zentrierte Diskrepanz [-] LHS-Vorgabetestfeld	Zentrierte Diskrepanz [-] Randomisierte Berechnung	Verbesserung der Gleichverteilung [%]
1	0,0021	0,0482	95,6
2	0,0040	0,0450	91,1
3	0,0024	0,0259	90,7
4	0,0185	0,0223	17,0
5	0,0065	0,0263	75,3
6	0,0184	0,0233	21,0
7	0,0231	0,0419	44,9
8	0,0708	0,1067	33,6
9	0,0264	0,0555	52,4
10	-	-	-

Um neben den gefahrenen Geschwindigkeiten, Beschleunigungen, Steigungen und Distanzen weitere Randbedingungen in der serienäquivalenten Emulation der Straßenerprobung zu berücksichtigen, werden die Einzelfahrten im Folgenden um ladezustandsabhängige Betriebsarten und Umgebungstemperaturen erweitert.

5.3.2 Kombination von Zuständen

Die auftretenden Zustände der weiteren Randbedingungen werden häufigkeitsbasiert den Einzelfahrten zugeordnet. Zur Bestimmung von auftretenden Zustandskombinationen wird nach Gleichung 5.12 die Häufigkeitsmatrix H_{RB} für stochastisch unabhängige Parameter berechnet [96]. Basierend auf den separat dokumentierten, eindimensionalen Verteilungen der Fahrtdistanzen RB_1 und der Umgebungstemperaturen RB_2 wird mittels des dyadischen Produkts die zweidimensionale Matrix der auftretenden Zustandskombinationen bestimmt. Zur Berücksichtigung der Betriebsart werden die Distanz-Temperatur-Kombinationen um eine Variation zwischen Sustaining- und Depleting-Betrieb RB_3 erweitert. Damit beschreibt jede Zelle der Matrix die relative Häufigkeit für das Auftreten einer Randbedingungskombination. Die Summe der Matrix beträgt eins.

$$\sum_{i=1}^{N_{RB_1}} RB_{1,i} = 1, \qquad \sum_{j=1}^{N_{RB_2}} RB_{2,j} = 1, \qquad \sum_{l=1}^{N_{RB_3}} RB_{3,l} = 1$$

$$H_{RB,i,j,l} = RB_{1,i} \cdot RB_{2,j} \cdot RB_{3,l} \qquad \text{Gl. 5.12}$$

mit: RB_1 = Häufigkeitsverteilung der Fahrtdistanzen, RB_2 = Häufigkeitsverteilung der Umgebungstemperaturen, RB_3 = Häufigkeitsverteilung der Betriebsart, N_{RB} = Anzahl Stützstellen

Umgebungstemperatur

Analog der bereits diskutierten Kenngrößen wird die Temperatur mittels einparametrischer Momentanwertzählung wertdiskret dokumentiert. Abbildung 5.16 zeigt das Belastungskollektiv des Serienbetriebs.

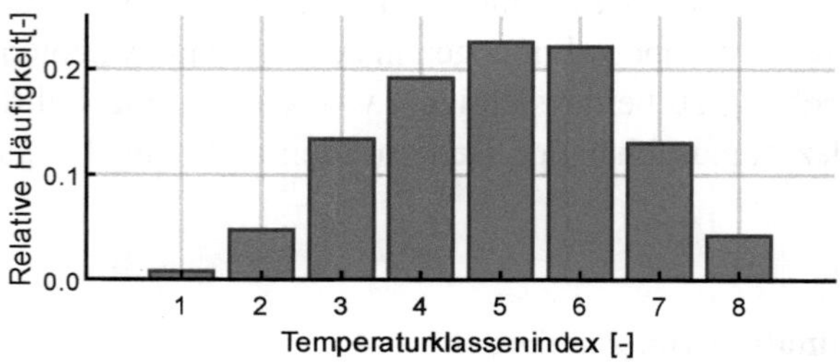

Abbildung 5.16: Häufigkeitsverteilung der Umgebungstemperatur im Serienbetrieb

Das Belastungskollektiv ist mit acht Temperaturstützstellen diskretisiert und zeigt näherungsweise eine Normalverteilung für die auftretenden relativen Häufigkeiten. Die höchsten Ausprägungen weisen die Klassen 5 und 6 auf. Nach Gleichung 5.12 werden den Einzelfahrten Temperaturklassen zugeordnet. Zur Kompensation des Quantisierungsfehlers werden die tatsächlich gewählten Temperaturen randomisiert innerhalb der Temperaturklassen bestimmt.

Betriebsart nach Ladezustand

Die Häufigkeiten eines Sustaining- und Depleting-Betriebs werden auf Basis des Start- und Endladezustands der Traktionsbatterie im Serienbetrieb ermittelt. Als Grundlage wird das in Abbildung 5.17 dargestellte Belastungskollektiv genutzt. Das Diagramm zeigt in Graustufen die relativen Häufigkeiten bezüglich des Ladezustands zu Fahrtbeginn (Ordinate) und des Ladezustands zu Fahrtende (Abszisse). Die Achsen sind über die Indizes der Stützstellenklassierungen aufgetragen; die Klassengrenzen beider Achsen sind gleich definiert. Niedrige Indizes stehen für geringe Ladezustände, während der Index 2 das Arbeitspunktniveau der Referenzbaureihe beschreibt.

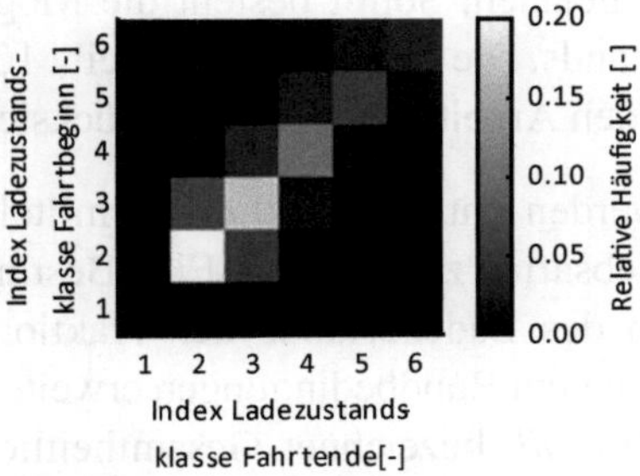

Abbildung 5.17: Häufigkeitsverteilung des Ladezustands der Traktionsbatterie zu Fahrtbeginn und zu Fahrtende im Serienbetrieb

Das Belastungskollektiv der Ladezustände dokumentiert sowohl das Systemverhalten während der Fahrt als auch das externe Ladeverhalten der Kunden. Bei Hybridfahrzeugen werden fahrzeugspezifische Einflüsse wie Arbeitspunkttreue und Nachladeverhalten des Systems durch Lastpunktverschiebung und Rekuperation dokumentiert. Wird das Fahrzeug zwischen Fahrten nicht extern geladen, entspricht der Endladezustand näherungsweise dem nächsten Startladezustand. Da das Verhältnis von Start- zu Endladezustand durch das fahrzeugspezifische Betriebsverhalten beeinflusst wird, dient das Belastungskollektiv ausschließlich zur Bestimmung von Auftretenshäufigkeiten der Betriebsarten Sustaining und Depleting.

Die Hauptdiagonale der Matrix resultiert aus Sustaining-Fahrten. Ausgehend vom Startladezustand enden die Fahrten innerhalb derselben Klasse. Die Zelle des Arbeitspunkt-Niveaus der Referenzbaureihe weist hierbei die höchste Ausprägung mit 35,3 Prozent der Fahrten auf. Die Summe der Hauptdiagonalen entspricht einem Anteil von 71,3 Prozent der Fahrten. Die Zellen oberhalb der Hauptdiagonalen resultieren aus Depleting-Fahrten. Hier weist das Fahrzeug zu Beginn der Fahrt einen höheren Ladezustand als zu Fahrtende auf. Die relative Häufigkeit der Depleting-Fahrten beträgt 17,9 Prozent. Innerhalb der Depleting-Fahrten starten wiederum 19,9 Prozent der Fahrten mit vollgeladener Batterie. Die Zellen unterhalb der Hauptdiagonalen bilden eine dritte Kategorie. In fahrdynamischen Modi wird bei nicht abgerufener Motorleistung die Traktionsbatterie geladen. Somit besteht die Möglichkeit eines höheren End- als Startladezustands. Die Kategorie beschreibt 10,8 Prozent der Fahrten, wird in der vorliegenden Arbeit jedoch nicht berücksichtigt.

Den Einzelfahrten werden entsprechend den ermittelten Häufigkeiten nach Gleichung 5.12 Betriebsarten zugewiesen. Eine Bestimmung von systemspezifischen Startwerten des Ladezustands der Traktionsbatterie wird in Abschnitt 6.1 erläutert. Die um Randbedingungen erweiterten Einzelfahrten werden im Weiteren als *Testfälle* bezeichnet. Gesamtheitlich beschreiben die Testfälle ein *serienäquivalentes Testszenario* (STS). Jedes STS bildet den gemittelten Serienbetrieb bezüglich der *aufgeprägten Lasten* ab. Die STS werden im folgenden Kapitel für das Testen, das Parametrieren und die Evaluierung einer Betriebsstrategiefunktion eingesetzt.

6 Datengetriebene Parametrierung

Die Emulation der Straßenerprobung repräsentiert ein vorgelagertes, explorativ orientiertes Testen. Im Vergleich zum realen Straßenversuch wird das Fahrzeug nicht manuell gesteuert, sondern nutzt die Geschwindigkeitsprofile von Testszenarien als Vorgabe zur automatisierten Fahrt. In SiL-Simulationen kann hierdurch eine hohe Anzahl von Tests effizient durchgeführt und auf Grundlage statistischer Inferenz das Systemverhalten im späteren Serienbetrieb prädiziert werden [69]. Die STS werden dabei zur Berücksichtigung der legislativen Anforderungen um den *Worldwide Harmonised Light Vehicles Test Cycle* (WLTC) erweitert. Im Folgenden wird exemplarisch die Parametrierung der *E-Fahrtsteuerung* (s. Abschnitt 6.2) aufgezeigt. Mit der genutzten SiL-Konfiguration und den genutzten Rechenressourcen können pro Rechner 2.900 Kilometer serienäquivalenter Betrieb innerhalb von acht Stunden simuliert werden. Zur Durchführung der Simulationen der vorgestellten Arbeit stehen insgesamt sechs Rechner zur Verfügung.

Der Ladezustand der Traktionsbatterie hat bei Hybridfahrzeugen maßgeblichen Einfluss auf das Systemverhalten [4]. Basierend auf Seriendaten werden den Testfällen eines Szenarios in Abschnitt 5.3.2 die Betriebsarten Sustaining und Depleting zugeordnet. Da die Startladezustände der Traktionsbatterie neben dem externen Ladeverhalten der Kunden auch von den systemspezifischen Endladezuständen abhängen, werden im folgenden Abschnitt charakteristische Startladezustände des Systems für den Sustaining- und Depleting-Betrieb bestimmt. Zur Kompensation eines unausgeglichenen Start- und Endladezustands der Traktionsbatterie wird ein Kraftsoffäquivalent für genutzte und gespeicherte elektrische Energie berechnet.

6.1 Startwerte und Kompensation des Ladezustands

Zur Definition von konkreten Startladewerten wird das zu entwickelnde System genutzt. Ein initialer Testdurchlauf wird entsprechend den Anteilen an

T. Martini, *Emulation der Straßenerprobung zur Parametrierung und Evaluierung kausaler regelbasierter Betriebsstrategien*, Wissenschaftliche Reihe Fahrzeugtechnik Universität Stuttgart, https://doi.org/10.1007/978-3-658-52931-4_6

Sustaining- und Depleting-Fahrten auf Arbeitspunktniveau oder mit voller Batterie gestartet. Die resultierenden Endladezustände der einzelnen Fahrten werden ebenfalls in die Kategorien Sustaining und Depleting eingeteilt und innerhalb der Kategorien in Klassen mit einer Schrittweite von einem Prozent untergliedert. Abbildung 6.1 zeigt exemplarisch resultierende Häufigkeitsverteilungen der Kategorien basierend auf einem in Abschnitt 6.3 definierten Datenstand. Die Endladezustände des initialen Testdurchlaufs werden für weitere Tests als Startladewerte verwendet. Die linke Spalte beschreibt somit Startladewerte für den Sustaining-Betrieb. Im realen Straßenversuch entspricht dies Fahrten, bei denen ein Fahrzeug mit einem Ladezustand innerhalb des Sustaining-Ladezustandsfensters abgestellt und bis zur Folgefahrt nicht extern geladen wird. Die resultierenden Startwerte variieren entsprechend der Arbeitspunkttreue des getesteten Programm- und Datenstandes (PDS). Je häufiger und tiefer die Traktionsbatterie im Betrieb entladen wird, desto höher ist die Wahrscheinlichkeit, dass eine Fahrt mit geringem Ladezustand beendet wird. Für Folgefahrten beeinflusst das Ladezustandsniveau die Möglichkeiten der Betriebsstrategie, die zu Fahrtbeginn angeforderten Antriebsleistungen bereitzustellen.

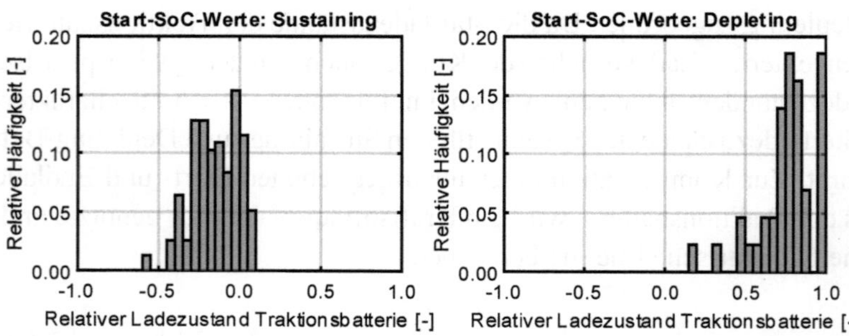

Abbildung 6.1: Systemspezifische Häufigkeiten zur Definition von Startladezuständen in den Kategorien Sustaining und Depleting

Die rechte Spalte beschreibt die Startladewerte für Depleting-Fahrten. Die simulativ ermittelten Werte werden unter Berücksichtigung des Ladeverhaltens von Kunden um Fahrten ergänzt, bei denen die Traktionsbatterie vor Fahrtbeginn extern voll geladen wird, was im verwendeten Datensatz einem Anteil von etwa 20 Prozent entspricht. Die übrigen 80 Prozent beschreiben Zweit-

oder Drittfahrten nach einem externen Ladevorgang. Die resultierenden Werte sind hierbei primär von den Fahrtdistanzen abhängig. Die Implementierung der Werte in die Testszenarien erfolgt stochastisch auf Grundlage der definierten Betriebsarten der Testfälle.

Die Betriebsstrategie eines Hybridfahrzeugs beeinflusst maßgeblich die Energienutzung der Traktionsbatterie und die Effizienz des Systems. Bei ausreichendem Ladezustand ist temporär eine elektrische Fahrt möglich. Außerdem wird der Ladezustand durch Lastpunktverschiebung des Verbrennungsmotors und durch Rekuperation in Verzögerungsphasen beeinflusst [25]. Das Hauptziel der Regelung besteht darin, den Kraftstoffverbrauch unter definierten Randbedingungen zu minimieren und einen energetisch stabilen Betrieb zu gewährleisten (s. Abschnitt 2.2.1). Wie in Abbildung 6.1 dargestellt, tritt in Abhängigkeit vom PDS sowie Fahrprofil auch im Sustaining-Betrieb eine Differenz zwischen Start- und Endladezustand der Traktionsbatterie auf [6, 97]. Es können die folgenden Fälle unterschieden werden:

- Es wird mehr elektrische Energie aus der Batterie genutzt als während der Fahrt geladen wird.
- Es wird mehr elektrische Energie während der Fahrt in die Batterie geladen als genutzt wird.

Für die Evaluierung von Datenständen wird der Kraftstoffverbrauch als Kriterium zur Quantifizierung der Effizienz des Systems verwendet. Um bei variierenden Start- und Endladewerten sowie auftretenden Ladedifferenzen zwischen Fahrtbeginn und Fahrtende eine Vergleichbarkeit zwischen Testfällen zu gewährleisten, wird eine Ladezustandskompensation durchgeführt. Die lineare Interpolation und die lineare Regression bieten hierbei das beste Verhältnis zwischen Aufwand und Nutzen [98]. Basierend auf dem gemessenen Kraftstoffverbrauch wird nach Gleichung 6.2 ein um die Energiebilanz der Traktionsbatterie kompensierter Kraftstoffverbrauch V_{KS} berechnet und für den Vergleich der Ergebnisse verwendet [6]. Die während der Fahrt genutzte und geladene elektrische Energie ΔE_{Bat} wird als Integral der Batterieleistung nach Gleichung 6.1 bestimmt [99].

$$\Delta E_{Bat} = \frac{1}{3600} \cdot \int U_{Bat} \cdot I_{Bat} \, dt \qquad \text{Gl. 6.1}$$

$$V_{KS} \approx V_{KS,0} + \Lambda \cdot \Delta E_{Bat} \qquad \text{Gl. 6.2}$$

mit: U_{Bat} = Spannung der Traktionsbatterie [V], I_{Bat} = Strom der Traktionsbatterie [A], $V_{KS,0}$ = gemessener Kraftstoffverbrauch [ml], Λ = Kraftstoffäquivalenzfaktor [$\frac{\text{ml}}{\text{Wh}}$], ΔE_{Bat} = Energiebilanz zwischen Fahrtbeginn und Fahrtende [Wh], t = Zeit [s]

Äquivalenzfaktoren variieren in Abhängigkeit des getesteten PDS sowie den Testfällen [6, 98]. Nach Abschnitt 2.2.1 wird der Kraftstoffverbrauch durch eine Lastpunktverschiebung des Verbrennungsmotors im Teillastbereich näherungsweise proportional beeinflusst. Bei exakt linearem Systemverhalten kann basierend auf zwei Testdurchläufen die lineare Interpolation zur Ermittlung eines Äquivalenzfaktors angewandt werden [98]. Im realen Fahrzeug können durch höhere Lasten und weitere Nichtlinearitäten wie der digitalen Entscheidung der elektrischen Fahrt sowie Systemkonditionierungen Abweichungen vom linearen Verhalten auftreten. Zur Berücksichtigung der Effekte kann das Systemverhalten im Allgemeinen durch eine lineare Regressionsgerade nach Gleichung 6.3 genähert werden [100, 101]. Die Energiebilanz der Traktionsbatterie beschreibt die unabhängige und der resultierende Kraftstoffverbrauch die abhängige Variable. Zur Bestimmung der Funktionsparameter werden nach Gleichung 6.4 Werte gesucht, die den Abstand zwischen der Regressionsgeraden und den Messpunkten minimieren. Die Parameter a und b können hierfür analytisch nach den Gleichungen 6.5 und 6.6 berechnet werden [101].

$$y = a + b \cdot x + \varepsilon \qquad \text{Gl. 6.3}$$

$$\min_{a,b} \sum_{i=1}^{\beta} (y_i - (a + b \cdot x_i))^2 \qquad \text{Gl. 6.4}$$

$$b = \frac{\sum_{i=1}^{\beta}(x_i - \bar{x})(y_i - \bar{y})}{\sum_{i=1}^{\beta}(x_i - \bar{x})^2} \qquad \text{Gl. 6.5}$$

$$a = \bar{y} - b \cdot \bar{x} \qquad \text{Gl. 6.6}$$

mit: y = abhängige Variable, x = unabhängige Variable, a = Achsenabschnitt, b = Steigung, ε = Residuum, β = Anzahl Messwerte

Zur Bestimmung der Messwerte werden Fahrprofile mit variierenden Startladewerten simuliert. Im Folgenden werden jeweils zwei Werte unterhalb und zwei Werte oberhalb des Arbeitspunkts genutzt. Exemplarisch zeigt Abbildung 6.2 die Methode am Beispiel einer Einzelfahrt über 730 Sekunden. Im unteren Diagramm sind die Energiebilanzen der vier Simulationen als Zeitmessschrieb dargestellt. Die Startladewerte werden für die Messungen AP_{-2} bis AP_{+2} gesteigert, während AP_{-2} und AP_{-1} Werte unterhalb des Arbeitspunkts und AP_{+1} sowie AP_{+2} Werte oberhalb des Arbeitspunkts repräsentieren. Die Daten sind auf den letzten Zeitschritt der Messung AP_{-2} normiert.

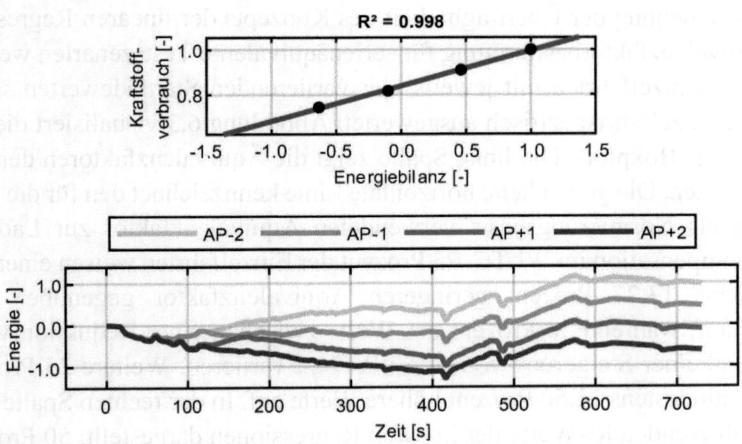

Abbildung 6.2: Lineare Regressionsgerade zur Bestimmung des Äquivalenzfaktors zur Ladezustandskompensation einer exemplarischen Einzelfahrt

Ein hoher Startladezustand der Traktionsbatterie ermöglicht eine längere Nutzung gespeicherter Energie, bis durch Lastpunktverschiebung ein Nachladen auf ein arbeitspunktnahes Niveau erfolgt. Die Messung AP_{+1} weist die ausgeglichenste Energiebilanz aller vier Messungen auf, während bei Startladewerten unterhalb des Arbeitspunkts mehr elektrische Energie geladen als genutzt wird. Im oberen Diagramm ist die Äquivalenzfaktorbestimmung visualisiert. Die Energiebilanzen und Kraftstoffverbräuche der vier Messungen sind als Punkte eingezeichnet, während die Steigung der Regressionsgerade den ermittelten Äquivalenzfaktor beschreibt. Die Daten sind ebenfalls auf die Werte der Messung AP_{-2} normiert. Mit steigendem Startladezustand und somit negativer Energiebilanz sinkt der gemessene Kraftstoffverbrauch. Die angegebenen R^2-Werte beschreiben die Güte der Nachbildung der Datenpunkte durch das Regressionsmodell. Ein R^2-Wert von eins steht für eine ideale Nachbildung, während ein R^2-Wert von null angibt, dass die lineare Regression das Verhalten der Daten nicht wiedergeben kann [101]. Entsprechend repräsentiert ein R^2-Wert von 0,998 eine sehr gute Abbildung des Systemverhaltens durch das Modell.

Zur Untersuchung der Übertragbarkeit des Konzepts der linearen Regression zur Äquivalenzfaktorbestimmung für serienäquivalente Testszenarien werden sämtliche Einzelfahrten mit jeweils vier variierenden Startladewerten simuliert und einzelfahrtspezifisch ausgewertet. Abbildung 6.3 visualisiert die Ergebnisse als Boxplots. Die linke Spalte zeigt die Äquivalenzfaktoren der 189 Einzelfahrten. Die gestrichelte horizontale Linie kennzeichnet den für die Darstellung als Normierungsbasis verwendeten Äquivalenzfaktor zur Ladezustandskompensation im WLTC. 25 Prozent der Einzelfahrten weisen einen um mindestens 13,27 Prozent geringeren Äquivalenzfaktor gegenüber dem WLTC auf, während 50 Prozent der Werte zwischen einer Reduktion von -13,27 und einer Steigerung von 11,50 Prozent variieren. Weitere 25 Prozent weisen mindestens 11,50 Prozent höhere Werte auf. In der rechten Spalte sind die resultierenden R^2-Werte der linearen Regressionen dargestellt. 50 Prozent der Regressionen erreichen einen R^2-Wert größer 0,995. Weitere 25 Prozent liegen zwischen einem Wert von 0,992 und 0,995, während im arithmetischen Mittel eine Güte von 0,989 erreicht wird. Der Mittelwert wird dabei von vier Ausreißern verzerrt. Die geringste Modellgüte erreicht einen R^2-Wert von 0,712.

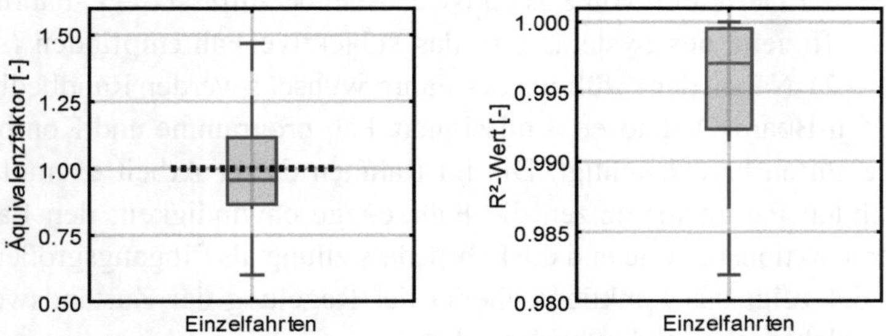

Abbildung 6.3: Lineare Regression zur Äquivalenzfaktorbestimmung für 189 Einzelfahrten eines serienäquivalenten Testszenarios

Die Ergebnisse zeigen eine gute Übertragbarkeit der auf linearen Regressionsmodellen basierenden Methode zur Bestimmung von Äquivalenzfaktoren für Einzelfahrten aus serienäquivalenten Testszenarien. Des Weiteren zeigt die Untersuchung einen hohen Einfluss der getesteten Fahrprofile auf das Systemverhalten, womit eine einzelfahrtspezifische Berücksichtigung von unausgeglichenen Ladezuständen für die Ladezustandskompensation wichtig ist.

Zur Komplexitätsreduktion der großen Datenmenge des serienäquivalenten Testens werden Ergebnisse als Objekte gespeichert (s. Abschnitt 4.3). Neben der Analyse und Evaluierung des Systems, dienen die Daten auch als Grundlage für den in Abschnitt 4.2 vorgestellten generischen Parametrierungsansatz. Der folgende Abschnitt beschreibt die exemplarisch untersuchte Regelung der elektrischen Fahrt und die parameterspezifische Aggregation von Testergebnissen als Grundlage zur datengetriebenen Parametrierung.

6.2 E-Fahrtsteuerung und parameterspezifische Datenaggregation

Die untersuchte E-Fahrtsteuerung ist Teil einer kausalen regelbasierten Betriebsstrategie eines Plug-In-Performance-Hybridfahrzeugs. Die Bezeichnung E-Fahrtsteuerung beschreibt hierbei eine Vielzahl an Funktionen und Parametern zur Regelung des Zustandswechsels zwischen elektrischer und hybrider

Fahrt. Mit der Definition von Zustandswechseln beeinflusst die E-Fahrtsteuerung die Effizienz des Systems und das subjektive Fahrempfinden (s. Abschnitt 6.3.2). Neben der Erfüllung des Fahrerwunschs werden Randbedingungen wie On-Board-Diagnosen, Emissionen, Fahrprogramme und Komponententemperaturen berücksichtigt. Die im Rahmen dieser Arbeit exemplarisch ausgewählten Parameter nutzen die Fahrzeuggeschwindigkeit, den Ladezustand der Traktionsbatterie und die Fahrpedalstellung als Eingangsgrößen. Abbildung 6.4 zeigt das Funktionsschema der Regelung der Zustandswechsel zwischen elektrischer und hybrider Fahrt.

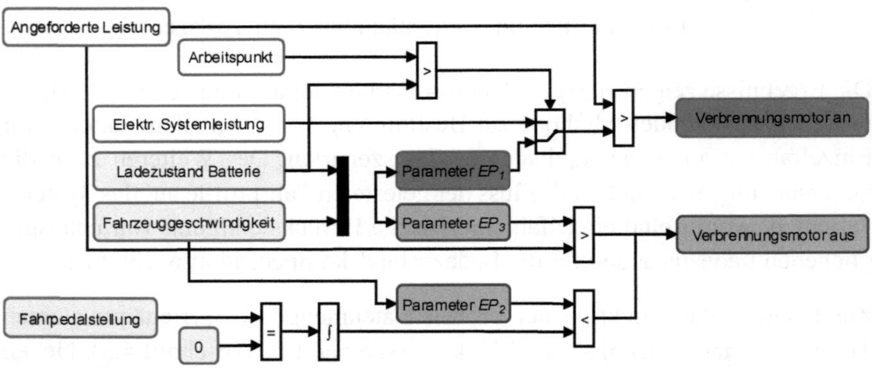

Abbildung 6.4: Funktionsschema der Regelung für den Zustandswechsel zwischen elektrischer und hybrider Fahrt

Die Kernelemente der Regelung bilden eine Kennlinie (Parameter EP_2) für das Abschalten des Verbrennungsmotors und zwei dreidimensionale Kennfelder für das Starten (Parameter EP_1) und Abschalten (Parameter EP_3) des Verbrennungsmotors. Für das Abschalten werden die Fälle

- Verzögerungsphasen (Segelmodus)
- Antriebsphasen (E-Fahrtmodus)

unterschieden. Ein Zustandswechsel von hybrider Fahrt in den Segelbetrieb wird anhand des Parameters EP_2 nach Gleichung 6.7 gesteuert. Die Kennlinie beschreibt Verzögerungszeiten in Abhängigkeit der Fahrzeuggeschwindigkeit. Wird die Fahrpedalstellung auf null Prozent reduziert (FP0), misst ein

Timer die Verweildauer in diesem Zustand. Parallel wird die Verzögerungszeit basierend auf der aktuellen Geschwindigkeit und EP_2 ermittelt. Überschreitet die Verweildauer die Verzögerungszeit, wird der Verbrennungsmotor ausgeschaltet.

$$EP_2 = \{(v_\ell, T_{VD,\ell}) \mid \ell = 1,2,3,4\} \qquad \text{Gl. 6.7}$$

mit: v = Fahrzeuggeschwindigkeit [km/h], T_{VD} = Verzögerungsdauer [s]

Als Grundlage für den generischen Parametrierungsansatz werden auftretende Systemzustände parameter- und stützstellenspezifisch aggregiert. Zur Berechnung einer Datenbasis für den Parameter EP_2 werden nach Gleichung 6.8 FP0-Phasen ausgewertet. Sämtliche Zeitschritte mit einer Fahrpedalstellung von null werden in der Menge T_{FP0} zusammengefasst und die Dauer einzelner FP0-Phasen berechnet. Basierend auf der aktuellen Fahrzeuggeschwindigkeit wird die Dauer einer Phase analog den Geschwindigkeitsstützstellen ℓ von EP_2 der Menge $\mathcal{M}_{FP0}^{(\ell)}$ zugeordnet. Abbildung 6.5 visualisiert das Prinzip anhand eines Beispiels. Der dunkelgrau markierte Abschnitt kennzeichnet eine FP0-Phase der Menge T_{FP0}. Entsprechend der Geschwindigkeit zum Zeitpunkt des Lösens des Fahrpedals wird die Phasendauer von 14 Sekunden der Stützstelle 2 zugeordnet. Für ein serienäquivalentes Testszenario mit einer Gesamtdistanz von 2.900 Kilometer ergeben sich zwischen 600 und 2.493 Einträge je Stützstelle.

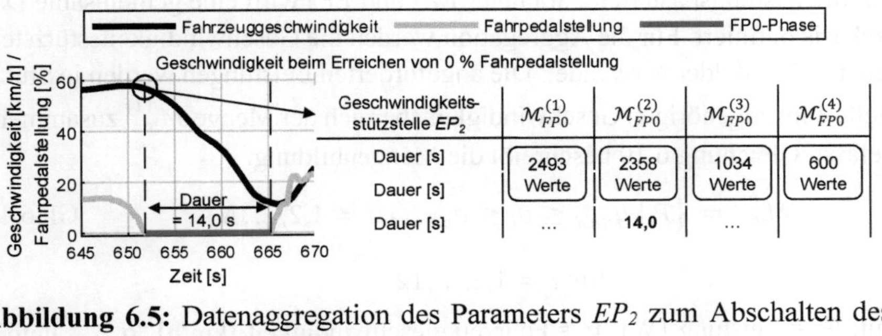

Abbildung 6.5: Datenaggregation des Parameters EP_2 zum Abschalten des Verbrennungsmotors

$$T_{FP0} = \{t_i | FP_i = 0, i = 1,2, \ldots, N\} \qquad \text{Gl. 6.8}$$

mit: t = Zeitschritt [s], FP = Fahrpedalstellung [-], N = Anzahl Messpunkte [-]

Der Wechsel aus hybrider Fahrt in den rein elektrischen Betrieb während Phasen mit positiver Antriebsleistung wird durch ein dreidimensionales Kennfeld nach Gleichung 6.9 gesteuert (Parameter EP_3). Der Parameterraum ist über der Fahrzeuggeschwindigkeit und dem Ladezustand der Traktionsbatterie aufgespannt. In Abhängigkeit der Eingangsgrößen wird eine Leistungsschwelle für das Abschalten des Verbrennungsmotors definiert. Sinkt die angeforderte Leistung unter das Niveau des aktuellen Schwellenwerts, wird der Verbrennungsmotors abgeschaltet. Als Gegenstück zu EP_3 wird auch das Starten des Verbrennungsmotors nach Gleichung 6.9 in Abhängigkeit der Fahrzeuggeschwindigkeit und des Ladezustands der Traktionsbatterie geregelt. Das Kennfeld beschreibt die Leistungsschwelle für den Wechsel von elektrischer in hybride Fahrt (Parameter EP_1).

$$EP_{1/3} = \left\{(v_i, SoC_j, \mathcal{P}_{ij}) \mid i = 1,2, \ldots, 12, j = 1,2, \ldots, 8\right\} \qquad \text{Gl. 6.9}$$

mit: v = Fahrzeuggeschwindigkeit [km/h], SoC = Ladezustand Traktionsbatterie [-], $\mathcal{P}$ = Leistung [W]

Für die leistungsbasierten Parameter EP_1 und EP_3 wird eine gemeinsame Datenbasis definiert. Für die Aggregation werden die Geschwindigkeitsstützstellen der Kennfelder verwendet. Die angeforderten Leistungen werden je Stützstelle i im zugehörigen Geschwindigkeitsbereich der Menge $\mathcal{M}_{\mathcal{P}}^{(i)}$ zusammengefasst. Gleichung 6.10 beschreibt die Mengenbildung.

$$\mathcal{M}_{\mathcal{P}}^{(i)} = \left\{\mathcal{P}_i \mid g_{vu,i} \leq v_i \leq g_{vo,i+1}, i = 1,2, \ldots, N\right\} \qquad \text{Gl. 6.10}$$

$$\text{für } i = 1,2, \ldots, 12$$

mit: $\mathcal{P}$ = Leistung [W], v = Fahrzeuggeschwindigkeit [km/h], g_{vu} = untere Grenze des Stützstellenbereichs [km/h], g_{vo} = obere Grenze des Stützstellenbereichs [km/h], N = Anzahl Messpunkte [-]

Prinzipiell kann die E-Fahrtsteuerung eines Plug-In-Hybridfahrzeugs im Depleting-Betrieb nach zwei Strategien eingeteilt werden [102]:

- dominant elektrischer Betrieb zur Maximierung des E-Fahrtanteils
- Kombination von Verbrennungsmotor und elektrischen Maschinen zur verteilten Nutzung der elektrischen Energie

Eine dominant elektrische Strategie nutzt bei Ladewerten oberhalb des Arbeitspunkts die elektrische Fahrt. Der Verbrennungsmotor wird erst bei nicht ausreichender elektrischer Systemleistung gestartet. Bei der kombinierten Strategie hingegen übernimmt der Verbrennungsmotor auch bei geladener Traktionsbatterie Antriebsphasen. Die untersuchte E-Fahrtsteuerung ist als dominant elektrische Strategie implementiert. Fällt der Ladezustand auf Arbeitspunktniveau, regelt das EP_1-Kennfeld die Leistungsschwelle für das Starten des Verbrennungsmotors.

Die parameter- und stützstellenspezifisch gebildeten Mengen repräsentieren Zustandsgrößen des getesteten Systems für den Wechsel zwischen rein elektrischer und hybrider Fahrt im serienäquivalenten Betrieb. Auf der Grundlage von $\mathcal{M}_{FP0}^{(\ell)}$ und $\mathcal{M}_{\mathcal{P}}^{(i)}$ werden stützstellenspezifisch die relativen Wahrscheinlichkeitsfunktionen $\mathscr{f}_{FP0}^{(\ell)}$ und $\mathscr{f}_{\mathcal{P}}^{(i)}$ nach Gleichung 4.3 sowie die kumulativen Wahrscheinlichkeitsfunktionen $\mathcal{F}_{FP0}^{(\ell)}$ und $\mathcal{F}_{\mathcal{P}}^{(i)}$ nach Gleichung 4.4 für das Auftreten der Zustände berechnet und als Grundlage für die datengetriebene Parametrierung der Betriebsstrategie eingesetzt.

6.3 Parametrierungsprozess

Die E-Fahrtsteuerung ist ein zentrales Element der Betriebsstrategie eines Hybridfahrzeugs. Entsprechend ist eine möglichst umfangreiche Systemkenntnis zur Parametrierung wichtig. Zur Steigerung der Kundenfokussierung werden in diesem Abschnitt Sensitivitätsanalysen des Systems im serienäquivalenten Betrieb durchgeführt und Parameterwerte basierend auf synthetischen Stichproben bestimmt. Der in Abschnitt 4.2 vorgestellte generische Parametrierungsansatz ermöglicht die systematische Bestimmung angestrebter Charakteristiken und physikalischer Kenngrößen basierend auf subjektiven Anforderungen und Vorgaben. Abbildung 6.6 zeigt den Prozess zur datengetriebenen Parametrierung im serienäquivalenten Betrieb.

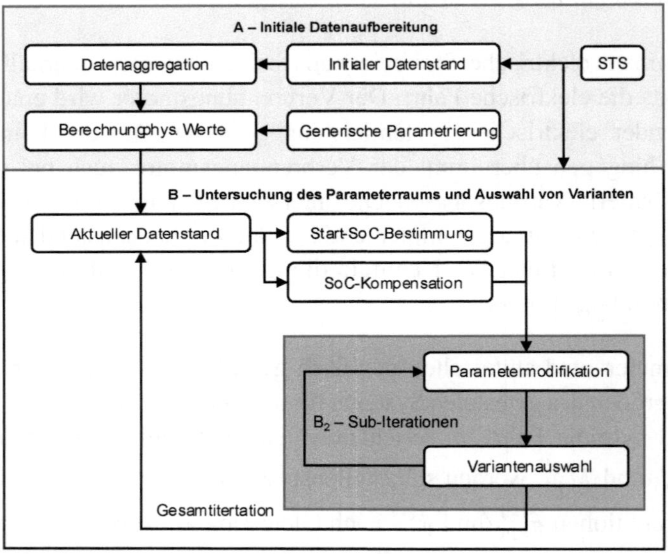

Abbildung 6.6: Prozess der datengetriebenen Parametrierung im serienäquivalenten Betrieb

Zur initialen Datenaufbereitung (Schritt A) wird das zu parametrierende System getestet. Insofern die relevanten Zustandsgrößen nicht von den zu definierenden Parametern selbst beeinflusst werden, können die Parameter beliebig definiert werden. Die untersuchte E-Fahrtsteuerung beeinflusst weder die angeforderte Leistung noch die FP0-Zeiten. Entsprechend werden die Parameter EP_1–EP_3 mit Ersatzwerten getestet. Als Datengrundlage zur Parametrierung werden nach Abschnitt 6.2 Zustände der synthetischen Stichprobe aggregiert und die Wahrscheinlichkeitsfunktionen berechnet. Parallel wird die Charakteristik der Parameter anhand von Quantilen definiert. Basierend auf den bestimmten Wahrscheinlichkeitsfunktionen werden die Quantile nach Gleichung 4.5 in physikalische Werte überführt. Der berechnete Datenstand bildet die

Basis zur Untersuchung des Parameterraums in Schritt B. Zur Definition von typischen Startladewerten und Äquivalenzfaktoren werden mit dem initialen Datenstand weitere Tests nach Abschnitt 6.1 durchgeführt. In Anlehnung an den Parametrierungsprozess im Fahrzeug werden Parameter in Schritt B_2 sequenziell in Sub-Iterationen modifiziert und die bestgeeignete Variante als neuer Datenstand definiert. Eine erneute Startladewert- und Ladezustandskompensationsberechnung wird mit Beendigung einer Gesamtiteration durchgeführt. Die Anzahl an Sub-Iterationen wird in Abhängigkeit der geforderten Genauigkeit und Ressourcenverfügbarkeit definiert. Eine höhere Anzahl an Sub-Iteration reduziert zwar den Simulationsaufwand, jedoch wird auch die Genauigkeit der Kompensation reduziert.

6.3.1 Charakterisierung der Parameter

Zur Parametrierung der E-Fahrtsteuerung werden bis zu drei Sub-Iterationen über die Parameter EP_1–EP_3 sowie drei Gesamtiterationen durchgeführt. Zur Unterscheidung zwischen Vorgaben durch Quantile sowie resultierenden physikalischen Parameterwerten werden im Weiteren die physikalischen Parameterwerte durch EP_1, EP_2 und EP_3 dargestellt, während die zugehörigen Quantile durch Q_{EP1}, Q_{EP2} und Q_{EP3} gekennzeichnet sind.

Generische Parametrierung des Segelmodus

Wird der generische Ansatz auf die Parametrierungsaufgabe des Segelmodus übertragen, können durch die Wahl von Q_{EP2} die Anteile an Verzögerungsphasen bestimmt werden, bei denen der Verbrennungsmotor nicht ausgeschaltet wird. Die Charakteristik der Verzögerungskennlinie soll im angewandten Beispiel vollständig den im serienäquivalenten Betrieb auftretenden Zeiten folgen. Entsprechend werden die Werte für EP_2 durch einen skalaren Q_{EP2}-Wert nach Gleichung 6.11 definiert, womit für die vier geschwindigkeitsabhängigen Stützstellen ein konstanter Quantilswert verwendet wird.

$$EP_2 = \left\{ (v_\ell, \mathcal{F}_{FP0}^{(\ell)}{}^{(-1)}(Q_{EP2})) \mid \ell = 1,2,3,4 \right\} \qquad \text{Gl. 6.11}$$

mit: v = Fahrzeuggeschwindigkeit [km/h], $\mathcal{F}_{FP0}^{(\ell)}$ = stützstellenspezifische CDF der FP0-Phasen [s], Q_{EP2} = Quantil der Verzögerungskennlinie EP_2 [-]

Zur Berechnung der physikalischen Werte werden die aggregierten FP0-Phasen ausgewertet. Abbildung 6.7 visualisiert die stützstellenspezifischen relativen Wahrscheinlichkeitsfunktionen $\mathfrak{f}_{FP0}^{(\ell)}$ in den Diagrammen A–D. Die Abszissenwerte beschreiben die Dauern von FP0-Phasen und sind auf den 0,90-Quantilswert des Diagramms D normiert. Die Diagramme zeigen unterschiedliche Dauern und Häufigkeiten der PF0-Phasen in Abhängigkeit der Fahrzeuggeschwindigkeit, womit auch die Dauer eines Quantilwerts variiert. Zur Visualisierung des Effekts sind die 0,90-Quantilswerte in den Diagrammen eingezeichnet. Die Dauer, die 90 Prozent der Verzögerungsphasen abdeckt, verschiebt sich über die Diagramme A–D zu höheren Werten. Während die Daten des Geschwindigkeitsindex 1 einen 0,90-Quantilswert von 0,41 aufweisen, steigt der Wert über die Diagramme bis auf 1,00 an.

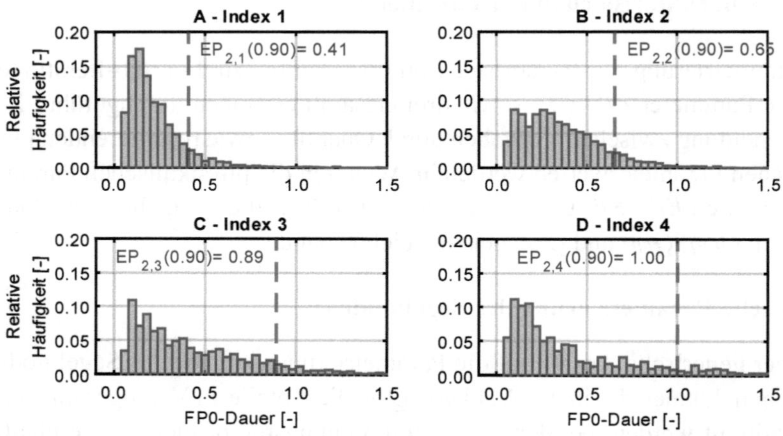

Abbildung 6.7: Relative Häufigkeiten der im serienäquivalenten Betrieb auftretenden Dauern mit einer Fahrpedalstellung von null Prozent für die vier Geschwindigkeitsstützstellen der Verzögerungskennlinie EP_2

Im Rahmen der Sensitivitätsanalysen in Abschnitt 6.3.2 wird mittels des generischen Parametrierungsansatzes das Systemverhalten in Abhängigkeit des serienrelevanten Parameterraums untersucht. Hierzu werden die in Abbildung 6.8 dargestellten Kennlinien zur Regelung des Abschaltens des Verbrennungsmotors in Verzögerungsphasen verwendet. Die Verzögerungszeiten sind auf den 0,90-Quantilswert aus Diagramm D der Abbildung 6.7 normiert; die Geschwindigkeitsstützstellen sind als Indizes angegeben. Zur Bildung der Kennlinien werden stützstellenspezifisch die 0,10-, 0,25-, 0,50-, 0,75- und 0,90-Quantilswerte berechnet und jeweils zu einer Variante zusammengefasst. Auf Grundlage der Charakteristiken der Basisdaten variieren die Verzögerungszeiten innerhalb der Kennlinien bei konstantem Q_{EP2}. Die Werte steigen variantenabhängig mit unterschiedlicher Ausprägung an.

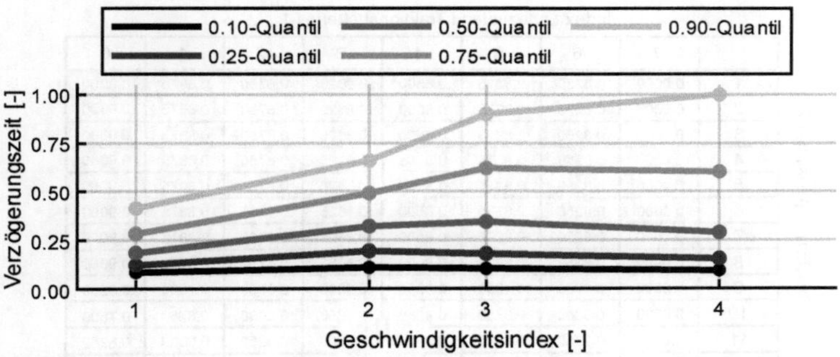

Abbildung 6.8: Potenzielle Verzögerungskennlinien EP_2 im serienrelevanten Parameterraum zur Regelung des Segelmodus

Die Nutzung von Quantilen zur Definition einer angestrebten Charakteristik ermöglicht eine Reduktion der zu definierenden Werte. Für den Parameter EP_2 wird die Anzahl von vier Zeitwerten auf einen Quantilswert reduziert. Des Weiteren kann bei einer Systemmodifikation eine automatisierte Aktualisierung der Parameterwerte erfolgen. Das Abschalten des Verbrennungsmotors basierend auf Verzögerungsphasen steht beispielsweise in Interaktion mit der Schubrekuperationsintensität. Eine geänderte passive Verzögerung hat Einfluss auf das Systemverhalten und entsprechend ändern sich die FP0-Phasen. Wird im Laufe der Entwicklung die Rekuperationsintensität verändert, kann anhand eines definierten Quantils die Parametrierung durch ein erneutes Testen automatisiert an den neuen PDS angepasst werden.

Generische Parametrierung des Startkennfelds

Das Kennfeld zur Definition der Leistungsschwelle für das Starten des Verbrennungsmotors kann in zwei Bereiche unterteilt werden. Abbildung 6.9

zeigt die Einteilung basierend auf der Kennfeldachse der Fahrzeuggeschwindigkeit. Ein steigender Index repräsentiert steigende Geschwindigkeiten. Die Indizes 8 und 9 trennen das Kennfeld in Geschwindigkeitsbereiche für Fahrten innerorts und außerorts. Der erste Bereich regelt somit den innerstädtischen Betrieb, der zweite Bereich den Betrieb bei höheren Geschwindigkeiten. Index 0 des Ladezustands beschreibt das Arbeitspunktniveau der Traktionsbatterie; die negativen Indizes beschreiben Ladezustände unterhalb des Arbeitspunkts.

Index Ladezustand Traktionsbatterie [-]

Geschwindigkeitsindex [-]	-7	-6	-5	-4	-3	-2	-1	0
1	0.0000	0.8250	0.8375	0.8500	0.8625	0.8750	0.8875	0.9000
2	0.0000	0.8250	0.8375	0.8500	0.8625	0.8750	0.8875	0.9000
3	0.0000	0.8250	0.8375	0.8500	0.8625	0.8750	0.8875	0.9000
4	0.0000	0.8250	0.8375	0.8500	0.8625	0.8750	0.8875	0.9000
5	0.0000	0.8250	0.8375	0.8500	0.8625	0.8750	0.8875	0.9000
6	0.0000	0.8250	0.8375	0.8500	0.8625	0.8750	0.8875	0.9000
7	0.0000	0.8250	0.8375	0.8500	0.8625	0.8750	0.8875	0.9000
8	0.0000	0.8250	0.8375	0.8500	0.8625	0.8750	0.8875	0.9000
9	0.0000	0.3750	0.4500	0.5250	0.6000	0.6750	0.7500	0.8250
10	0.0000	0.3000	0.3750	0.4500	0.5250	0.6000	0.6750	0.7500
11	0.0000	0.2250	0.3000	0.3750	0.4500	0.5250	0.6000	0.6750
12	0.0000	0.0000	0.0000	0.0000	0.0000	0.0000	0.0000	0.0000

I

II

Abbildung 6.9: Initiale Charakteristik des Startkennfelds als Quantile

Zur Parametrierung des Kennfelds wird das angestrebte Systemverhalten in den Bereichen I und II differenziert. Als Richtlinien zur Wahl der Quantile werden die von Guzzella und Sciarretta [4] beschriebenen Grundprinzipien genutzt:

- In für den Verbrennungsmotor ungünstigen Betriebspunkten sollte eine elektrische Fahrt fokussiert werden.
- Fällt der Ladezustand unterhalb des Arbeitspunktniveaus, sollte der Verbrennungsmotor zugeschaltet und die Traktionsbatterie nachgeladen werden.
- Wenn der Verbrennungsmotor eingeschaltet wird, sollte er in möglichst effizienten Betriebspunkten betrieben werden.

Zur Vermeidung ineffizienter Betriebspunkte des Verbrennungsmotors wird im innerstädtischen Betrieb eine dominant elektrische Fahrt angestrebt. Um einen energetisch stabilen Betrieb zu gewährleisten, soll jedoch mit sinkendem

Ladezustand der Verbrennungsmotor gestartet werden. Mit höheren Geschwindigkeiten im Bereich II steigen die Fahrwiderstände und ermöglichen einen effizienteren Betrieb des Verbrennungsmotors, womit ein Starten im außerstädtischen Betrieb angestrebt wird. Zusätzlich ermöglicht ein aktiver Verbrennungsmotor eine schnellere Bereitstellung der installierten Systemleistung, als dies im elektrischen Fahrbetrieb möglich ist. Die maximale Leistungsgrenze für ein Starten wird auf die elektrisch verfügbare Systemleistung begrenzt. Überschreitet eine Anforderung diesen Schwellenwert wird der Verbrennungsmotor unabhängig von Geschwindigkeit und Ladezustand gestartet. Die Parameterdefinition erfolgt durch eine Abbildung der formulierten Anforderungen als Quantile.

Zur Vermeidung eines digitalen Zustandswechsels wird das Startverhalten des Verbrennungsmotors durch eine steigende Wahrscheinlichkeit bei abnehmendem Ladezustand charakterisiert. Zur Umsetzung einer dominant elektrischen Fahrt im Bereich I wird für den Arbeitspunkt initial das 0,90-Quantil definiert. Somit werden bei Ladezuständen auf Arbeitspunktniveau 90 Prozent der Antriebsphasen im innerstädtischen Betrieb elektrisch durchgeführt. Zur weiteren Parametrierung des ersten Bereichs werden die Quantile linear über der Dimension des Ladezustands reduziert, wodurch der Anteil der elektrischen Antriebsphasen von 90,0 Prozent auf bis zu 82,5 Prozent verkleinert wird. Bei Erreichen eines definierten Mindestladezustands wird der Verbrennungsmotor leistungsunabhängig gestartet.

Um auch über der Dimension der Geschwindigkeit einen digitalen Zustandswechsel zu vermeiden, werden die Quantile im Bereich II über der Fahrzeuggeschwindigkeit bis auf das 0,675-Quantil linear reduziert. Mit sinkendem Ladezustand wird die Quantilsreduktion über der Geschwindigkeit fortgeführt und durch eine lineare Reduktion über den Ladezustand verstärkt, womit mit steigender Geschwindigkeit und sinkendem Ladezustand die Wahrscheinlichkeit für ein Starten des Verbrennungsmotors weiter erhöht wird. Auch im außerstädtischen Betrieb wird bei Erreichen eines definierten Mindestladezustands oder einer Maximalgeschwindigkeit leistungsunabhängig gestartet. Der Mindestladezustand wird bei Stützstelle -7 implementiert. Im untersuchten PDS wird hierdurch sichergestellt, dass stets genügend Energie für elektrisch unterstützte Beschleunigungen in der Traktionsbatterie gespeichert ist. Prinzipiell kann dieser Wert zwischen der pyhsikalischen Entladegrenze und dem Arbeitspunkt gewählt werden. Die Maximalgeschwindigkeit wird für Stützstelle 12 basierend auf den mechanischen Grenzen des Systems definiert. Abbildung 6.10 zeigt die resultierenden physikalischen Werte basierend auf den definierten Quantilen und den stützstellenspezifischen Basisdaten. Das Kennfeld ist als normierte Leistung über den Geschwindigkeits- und Ladezustandsindizes der Stützstellen aufgetragen.

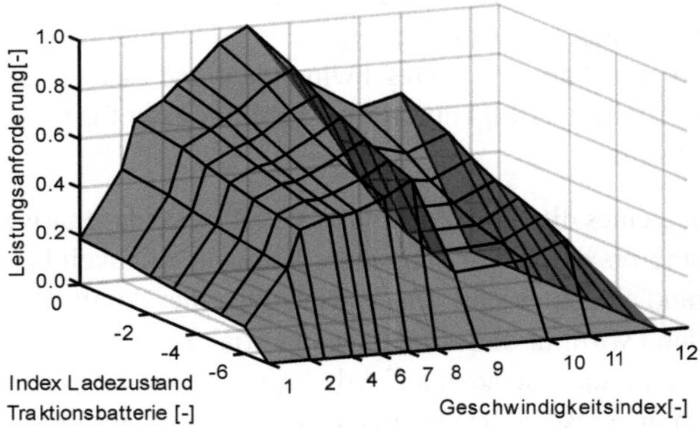

Abbildung 6.10: Physikalische Werte des initialen Startkennfelds EP_1

Mit einer steigenden Fahrzeuggeschwindigkeit steigen die Fahrwiderstände, wodurch häufiger höhere Antriebsleistungen erforderlich sind. Entsprechend steigen die Schwellenwerte für das 0,90-Quantil auf Arbeitspunktniveau mit der Fahrzeuggeschwindigkeit an. Abbildung 6.11 zeigt exemplarisch die stützstellenspezifischen, relativen Wahrscheinlichkeitsfunktionen $f_{\mathcal{P}}^{(i)}$ der angeforderten Leistungen für die Geschwindigkeitsstützstellen 2, 4, 6 und 8 in bekannter Darstellung. Mit steigendem Geschwindigkeitsindex steigt der 0,90-Quantilswert über die Diagramme A–D. Dieser Trend setzt sich zwar über die Geschwindigkeitsstützstellen 9–11 fort, jedoch wird im bestimmten Kennfeld durch eine Reduktion der Quantilswerte im Bereich II eine Reduktion der Leistungsschwelle gegenüber dem innerstädtischen Betrieb erreicht. Bei konstanter Geschwindigkeit und sinkendem Ladezustand reduziert sich die Leistung mit sinkenden Quantilswerten stets, da pro Geschwindigkeitsstützstelle die kumulative Verteilungsfunktion $\mathcal{F}_{\mathcal{P}}^{(i)}$ verwendet wird. Für den

Index -7 des Ladezustands und den Index 12 der Geschwindigkeit resultiert das Quantil null in näherungsweise keiner Leistungsschwelle.

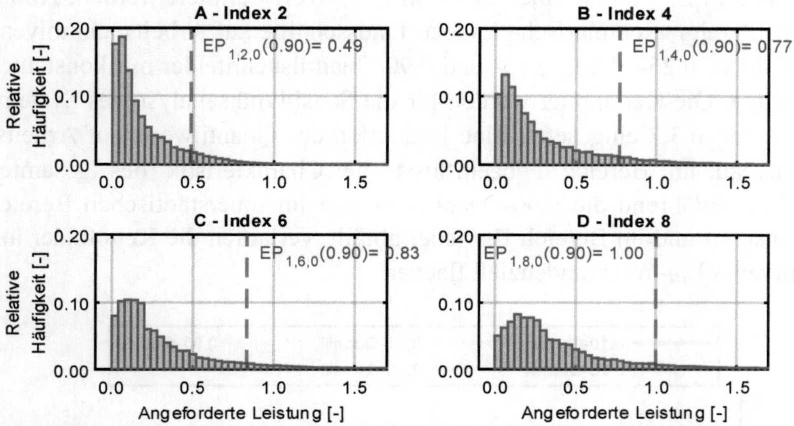

Abbildung 6.11: Relative Häufigkeiten der im serienäquivalenten Betrieb angeforderten Leistungen für ausgewählte Geschwindigkeitsstützstellen des Startkennfelds EP_1

Zur Parametrierung des Startkennfelds müssen im gezeigten Beispiel 96 Werte definiert werden. Durch die Anwendung des generischen Parametrierungsansatzes und der definierten Charakteristik kann die Anzahl an zu definierenden Werten nach Gleichung 6.12 auf drei reduziert werden. Basierend auf einem konstanten Quantilswert Q_{EP1} auf Arbeitspunktniveau im Bereich I werden zwei Gradienten für die Reduktion der Quantile über dem Ladezustand G_{SoC} und der Geschwindigkeit G_v genutzt.

$$EP_{1/3} = \{(v_i, SoC_j, \mathcal{F}_{\mathcal{P}}^{(i)\ (-1)}(Q_{EP1/3}, G_v, G_{SoC})) \mid i = 1,2,\ldots,12, j = 1,2,\ldots,8\} \qquad \text{Gl. 6.12}$$

mit: v = Fahrzeuggeschwindigkeit [km/h], SoC = Ladezustand Traktionsbatterie [-], $\mathcal{F}_{\mathcal{P}}^{(i)}$ = stützstellenspezifische CDF der angeforderten Leistung [W], $Q_{EP1/3}$ = Quantile der Leistungskennfelder $EP_{1/3}$ [-], G_v = Gradient über der Geschwindigkeit [%/Index], G_{SoC} = Gradient über dem Ladezustand [%/Index]

Die Definition der Gradientenwerte wird im weiteren Verlauf dieses Abschnitts erläutert. Werden die Gradienten konstant gehalten, kann das Startkennfeld EP_1 durch einen skalaren Q_{EP1}-Wert definiert werden. Abbildung 6.12 zeigt exemplarische Ladezustandsschnitte auf Arbeitspunktniveau für die 0,10-, 0,25-, 0,50-, 0,75- und 0,90-Quantilskennfelder mit konstanten Gradienten. Die Kennfelder werden für die Sensitivitätsanalyse des Systems in Abschnitt 6.3.2 eingesetzt. Eine Reduktion des Quantilwerts auf Arbeitspunktniveau im Bereich I beeinflusst die Charakteristik des gesamten Kennfelds. Während die 0,90-Quantilsvariante im innerstädtischen Bereich stark ansteigt und im Bereich II wieder abfällt, verlaufen die Kennfelder mit geringerem Q_{EP1}-Wert tendenziell flacher.

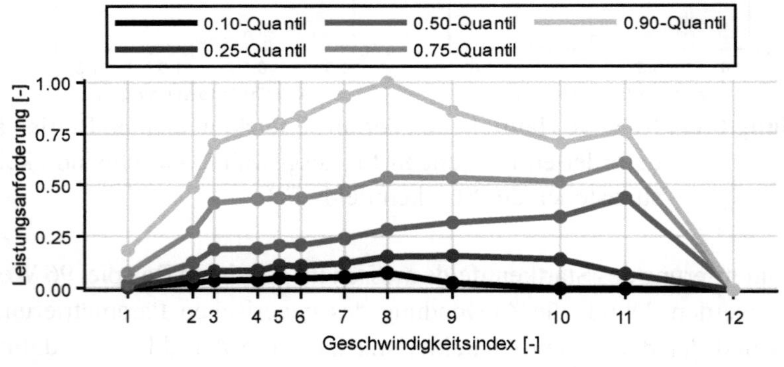

Abbildung 6.12: Ladezustandsschnitt des Parameters EP_1 auf Arbeitspunktniveau für fünf Varianten im serienrelevanten Parameterraum zur Regelung des Startens des Verbrennungsmotors

Generische Parametrierung des E-Fahrtmodus

Die Leistungsschwelle für das Ausschalten des Verbrennungsmotors während Antriebsphasen bildet zusammen mit der Leistungsschwelle für das Einschalten des Verbrennungsmotors eine Hysterese. In Abhängigkeit der Schaltdifferenz wird die Anzahl an Zustandswechseln des Systems beeinflusst [103]. Allgemein kann die Charakteristik des Parameters EP_3 unabhängig von EP_1 gewählt werden. Zur Komplexitätsreduktion wird im Folgenden der Parameter EP_3 anhand derselben Kennfeldcharakteristik und Datenbasis wie Parameter EP_1 nach Gleichung 6.12 definiert. Zur Gewährleistung einer höheren Startals Abschaltleistung muss stets die Bedingung $Q_{EP1} > Q_{EP3}$ erfüllt sein. Die Wahl der Quantile definiert dabei die Schaltdifferenz. Beispielsweise kann ein 0,90-Quantilskennfeld des Parameters EP_1 sowohl mit dem 0,75-Quantilskennfeld als auch mit dem 0,25-Quantilskennfeld des Parameters EP_3 kombiniert werden.

6.3.2 Analyse im serienäquivalenten Betrieb

In Schritt B der datengetriebenen Parametrierung werden die zuvor definierten Charakteristiken in variierenden Ausprägungen untersucht. Wie in Abbildung 6.6 dargestellt, ist der Prozess iterativ gestaltet. Ein ausgewählter Parameter wird modifiziert, im aktuellen PDS getestet und zur nächsten Parametermodifikation in den PDS implementiert. Bei zunächst unbekanntem Systemverhalten wird die Parametrierungsgüte schrittweise verfeinert.

Gesamtiteration 1

In der ersten Gesamtiteration werden die Gradienten der Leistungskennfelder in zwei Sub-Iterationen bestimmt. Da hier noch keine Kenntnisse über zielführende Ausprägungen der Parameter EP_2 und EP_3 bekannt sind, werden diese temporär durch Ersatzwerte definiert. Die Verzögerungszeiten des Segelmodus werden mit einem konstanten Wert von 0,1 Sekunde und der Wechsel in den E-Fahrtmodus während Antriebsphasen auf eine konstante Abschaltschwelle von 200 Watt parametriert. Zur Bestimmung der Startladewerte und der Ladezustandskompensation werden zur Reduktion des Simulationsaufwands im initialen Durchlauf Ungenauigkeiten akzeptiert und die Ergebnisse eines Vorgängerdatenstands genutzt. Zur Definition des Gradienten G_{SoC} über dem Ladezustand wird der Parameter EP_1 durch das 0,90-Quantil für Q_{EP1} und einem Geschwindigkeitsgradienten G_v von zehn Prozent pro Index beschrieben. Die getesteten Gradienten sind so definiert, dass die Wahrscheinlichkeit eines Startens des Verbrennungsmotors mit steigender Geschwindigkeit schneller ansteigt als mit einem sinkenden Ladezustand. Es werden vier Datenstände in jeweils 2.900 Kilometern serienäquivalentem Betrieb getestet.

Zur automatisierten Auswahl von getesteten Varianten und der systematischen Bewertung von Kenngrößen wird eine multikriterielle Entscheidungsanalyse

(MEA) eingesetzt. Dazu wird die *Technique of Order Preference Similarity to the Ideal Solution* in den Parametrierungsprozess implementiert. Als Grundlage für die Berechnung eines Gütekriteriums werden definierte Kenngrößen der Varianten in einer Entscheidungsmatrix zusammengeführt. Um für Größen mit unterschiedlichen Sensitivitäten und Einheiten eine Vergleichbarkeit zu erreichen, wird die Entscheidungsmatrix normiert und die Kenngrößen abhängig von den Anforderungen gewichtet. Entsprechend der Definition, ob minimale oder maximale Ausprägungen der einzelnen Kenngrößen angestrebt werden, wird kennwertspezifisch die jeweils beste und schlechteste Ausprägung aus der vorhandenen Variantenauswahl ermittelt. Das Kernkonzept der Methode besteht darin, die idealen und anti-idealen Kenngrößenwerte als synthetische Referenzpunkte zu definieren und die getesteten Varianten als Punkte im mehrdimensionalen Kenngrößenraum darzustellen. Zur Bestimmung von Wertigkeiten wird die euklidische Distanz der Lösungspunkte zu den Referenzpunkten berechnet. Als skalares Gütekriterium dient der Quotient d_j^* der Distanzen nach Gleichung 6.13. Der Wertebereich des Gütekriteriums liegt zwischen null und eins, während ein Wert von eins die ideale Lösung der zur Auswahl stehenden Varianten repräsentiert [104].

$$d_j^* = \frac{d_j^-}{d_j^+ + d_j^-}, \qquad j = 1,2,\dots,N_{Var} \qquad 6.13$$

mit: d_j^- = euklidische Distanz zur anti-idealen Lösung, d_j^+ = euklidische Distanz zur idealen Lösung, N_{Var} = Anzahl an Varianten

Im Rahmen dieser Arbeit werden Parametrierungsvarianten unter der Berücksichtigung der Effizienz und dem Fahrkomfort des Systems untersucht. Die Effizienz wird anhand des kumulativen Kraftstoffverbrauchs in Einzelfahrten und im WLTC bewertet. Zur vereinfachten Darstellung wird im Weiteren der kumulative Kraftstoffverbrauch mit *Kraftstoffverbrauch* bezeichnet, insofern nicht anders angegeben. Der gemessene Kraftstoffverbrauch $V_{KS,0}$ wird nach Gleichung 6.14 summiert und nach Gleichung 6.2 anhand der Energiebilanz der Traktionsbatterie kompensiert. Zur Kompensationsrechnung werden zwei Fälle unterschieden. Startet eine Einzelfahrt im Sustaining-Betrieb, wird die Energiebilanz von Fahrtbeginn an berechnet. Startet eine Einzelfahrt jedoch oberhalb des Arbeitspunkts, wird die extern geladene elektrische Energie nicht in der Kompensation berücksichtigt. Erst bei Erreichen des Arbeitspunktniveaus wird die Energiebilanzierung gestartet. Entsprechend können Einzelfahrten einen kompensierten Kraftstoffverbrauchswert von null aufweisen. In Abhängigkeit der Distanz einer Depleting-Fahrt wird außerdem mehr oder weniger externe Energie im Testfall genutzt. Bei einer Langstreckenfahrt wird der Ladezustand der Traktionsbatterie bis auf das Arbeitspunktniveau reduziert und die Fahrt im Sustaining-Betrieb fortgesetzt, während bei einer Kurzstreckenfahrt der Sustaining-Betrieb nicht erreicht wird (s. Abbildung 2.3). Die Kenngröße Komfort wird anhand der einzelfahrtspezifischen Startfrequenz des Verbrennungsmotors, also der Anzahl an Starts pro Zeiteinheit, nach Gleichung 6.15 quantifiziert und als *Zustartfrequenz* Z_{fS} bezeichnet. Exemplarisch wird im Rahmen dieser Arbeit ein Kompromiss aus Effizienz und Komfort als Anforderung definiert. Als Kenngrößen der MEA werden die arithmetischen Mittelwerte für den Kraftstoffverbrauch und die Zustartfrequenz über den Einzelfahrten im Testszenario gebildet. Zusammen mit dem Kraftstoffverbrauch im WLTC nutzt die MEA drei gleichgewichtete Kenngrößen zur Variantenauswahl.

$$V_{KS,0} = \sum_{i=1}^{N_M} \dot{V}_{KS,i} \cdot \Delta t \qquad \text{Gl. 6.14}$$

$$Z_{fS} = \frac{N_{Starts}}{T_{ges}} \qquad \text{Gl. 6.15}$$

mit: N_M = Anzahl Messpunkte [-], $\dot{V}_{KS}$ = Kraftstoffvolumenstrom [ml/s], Δt = Zeitintervall [s], N_{Starts} = Anzahl Starts pro Messung [-], T_{ges} = Gesamtdauer der Messung [s]

Die erste Zeile in Tabelle 6.1 fasst die untersuchten G_{SoC}-Werte zusammen. Die Ergebnisse der Gradientenuntersuchung sind in Abbildung 6.13 dargestellt. Auf den Abszissen sind die normierten Kraftstoffmittelwerte und auf den Ordinaten die normierten Mittelwerte der Zustartfrequenz im Testszenario aufgetragen. Die Graustufenskala der Messpunkte beschreibt den normierten Kraftstoffverbrauch im WLTC. Für die Gradientenvariation über den Ladezustand ergibt sich im getesteten PDS ein maximaler Einfluss auf den Kraftstoffverbrauch von 0,10 Prozent, während die Zustartfrequenz um bis zu 6,26 Prozent im STS variiert. Der Kraftstoffverbrauch im WLTC variiert um 0,82 Prozent. Zur Definition der am besten geeigneten Variante zur Erfüllung der Anforderungen wird die MEA durchgeführt. Der Gradient mit 1,25 Prozent pro Ladezustandsindex erreicht hierbei den besten Kompromiss aus Effizienz- und Komfortkenngrößen. Die Variante ist mit einem zusätzlichen Kreis in der Abbildung markiert. Die MEA-Gütekriterien der Varianten sind in Tabelle 6.1 in der zweiten Zeile zusammengefasst.

Tabelle 6.1: Untersuchte Gradienten des Parameters EP_1 sowie die resultierenden MEA-Gütekriterien

1	Ladezustandsgradient G_{SoC} [% / Index]	**1,25**	2,50	3,75	5,00
2	MEA-Gütekriterium [-]	**0,612**	0,545	0,504	0,065
3	Geschwindigkeitsgradient G_v [% / Index]	2,50	5,00	**7,50**	10,00
4	MEA-Gütekriterium [-]	0,367	0,542	**0,663**	0,597

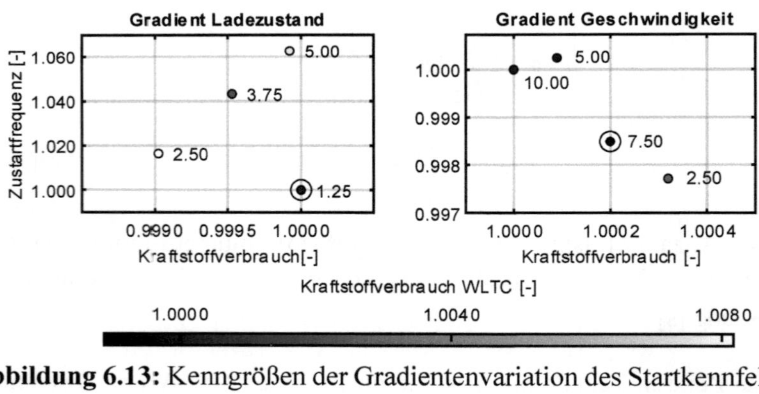

Abbildung 6.13: Kenngrößen der Gradientenvariation des Startkennfelds EP_1

Als zweite Sub-Iteration wird der Gradient über der Fahrzeuggeschwindigkeit untersucht. Als Basisdatenstand dienen EP_1-Kennfelder des 0,90-Quantils in Kombination mit dem bestimmten Ladezustandsgradienten von 1,25 Prozent pro Index. Die getesteten Werte und resultierenden MEA-Gütekriterien sind in den Zeilen drei und vier in Tabelle 6.1 zusammengefasst. Die Kenngrößen für Effizienz und Komfort der Tests sind im rechten Diagramm von Abbildung

6.13 dargestellt. Die Werte sind auf die Variante $G_{SoC} = 1{,}25$ und $G_v = 10{,}00$ Prozent pro Index normiert und beschreiben eine relative Änderung des Systemverhaltens gegenüber der gewählten Variante aus Sub-Iteration 1. Der Kraftstoffverbrauch im serienäquivalenten Betrieb wird im getesteten PDS nicht durch den Geschwindigkeitsgradienten beeinflusst (Differenz < 0,04 %). Auch im WLTC beschränkt sich die Kraftstoffverbrauchsänderung auf maximal 0,26 Prozent. Die Zustartfrequenz wird um bis zu 0,23 Prozent reduziert. Das EP_1-Kennfeld mit einem Gradienten von 7,5 Prozent pro Geschwindigkeitsindex erreicht das höchste Gütekriterium und wird im Weiteren zur Berechnung des Parameters EP_1 verwendet. Um die definierte Charakteristikbeziehung zwischen EP_1 und EP_3 einzuhalten, wird EP_3 im Folgenden auf Basis derselben Gradienten bestimmt.

Insgesamt ergibt die Gradientenmodifikation für die getesteten Werte einen maximalen Einfluss von weniger als einem Prozent auf die Effizienz des Systems. Die Zustartfrequenz weist eine höhere Sensitivität auf und wird mit bis zu 6,26 Prozent beeinflusst. Der berechnete Datenstand bildet die Grundlage für die zweite Gesamtiteration zur Untersuchung der Basisquantile Q_{EP1}, Q_{EP2} sowie Q_{EP3} und dient zur Berechnung von Startladewerten und den Äquivalenzfaktoren zur Ladezustandskompensation.

Gesamtiteration 2

Zur Untersuchung des Potenzials der E-Fahrtsteuerung das Systemverhalten zu beeinflussen, wird im Rahmen der zweiten Gesamtiterationsschleife eine globale Sensitivitätsanalyse der Parameter EP_1, EP_2 und EP_3 auf der Grundlage der in Abschnitt 6.3.1 definierten Charakteristiken durchgeführt. Im Fokus steht dabei die quantitative Erfassung des Zusammenhangs zwischen gewählten Parameterwerten und dem resultierenden Systemverhalten [89]. Da die bestimmten Gradienten der Leistungskennfelder in dieser Iteration nicht weiter modifiziert werden, können auch die Parameter EP_1 und EP_3 anhand eines skalaren Quantilwerts für Q_{EP1} und Q_{EP3} definiert werden. In drei Sub-Iterationen werden basierend auf den 0,10-, 0,25-, 0,50-, 0,75- und 0,90-Quantilsvarianten die im serienäquivalenten Betrieb resultierenden Zustände untersucht. Zusätzlich wird jeweils ein Datenstand mit Ersatzwerten als Referenz simuliert. Die getesteten Varianten decken somit 90 Prozent des relevanten Wertebereichs im serienäquivalenten Betrieb ab.

In Sub-Iteration 1 wird das Leistungsniveau des Startkennfelds untersucht. Die Parameter EP_2 und EP_3 sind weiterhin durch Ersatzwerte definiert. Abbildung 6.14 zeigt die normierten Ergebnisse. In der linken Spalte ist der mittlere Kraftstoffverbrauch im STS sowie der Kraftstoffverbrauch im WLTC eingezeichnet. Die rechte Spalte zeigt die Zustartfrequenz im STS. Die Abszissenwerte beschreiben die Basisquantile Q_{EP1} zur Definition der Varianten. Zur Quantifizierung des Kenngrößenverlaufs im serienäquivalenten Betrieb sind zusätzlich zu den Messpunkten quadratische Regressionspolynome eingezeichnet. Die Modelle für den Kraftstoffverbrauch und die Zustartfrequenz erreichen R^2-Werte von mindestens 0,984, womit das Systemverhalten gut wiedergegeben wird.

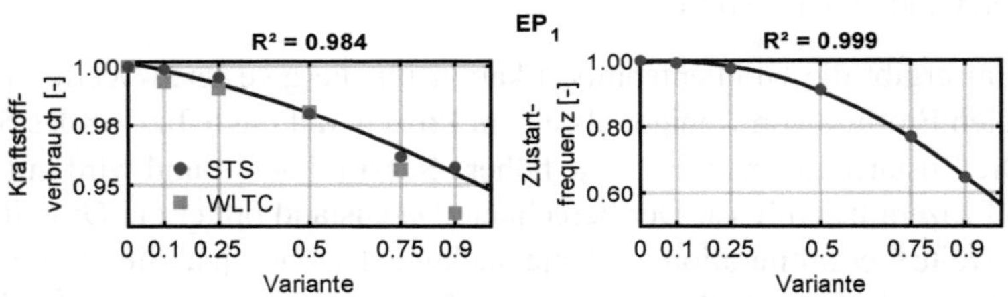

Abbildung 6.14: Globale Sensitivitätsanalyse des Parameters EP_1 im serienäquivalenten Betrieb und im WLTC

Als Basis für die Normierung dient die als 0,00-Quantil eingezeichnete Ersatzwertvariante. Die Variante repräsentiert einen konstanten Schwellenwert von 500 Watt über den gesamten Parameterraum. Zur kompakteren Darstellung werden wiederholt genutzte Datenstände gemäß den Basisquantilen der Parameter nach der Notation $EQ_{EP1}Q_{EP2}Q_{EP3}$ benannt (s. Anhang Tabelle A1.1). Der Datenstand der EP_1-Ersatzwertvariante wird entsprechend als *E000000* bezeichnet, da auch die Parameter EP_2 und EP_3 anhand von Ersatzwerten definiert sind. Der Datenstand repräsentiert eine einfache Basisvariante der E-Fahrtsteuerung: Bei positiver Leistungsanforderung im Sustaining-Betrieb wird der Verbrennungsmotor gestartet, in Verzögerungsphasen abgeschaltet und während Antriebsphasen findet keine Abschaltung statt. Es erfolgt eine digitale Regelung der Antriebsaggregate, oberhalb des Arbeitspunktniveaus dominiert die elektrische Fahrt, unterhalb wird in den hybriden Fahrmodus gewechselt.

Eine gesteigerte Startschwelle resultiert im untersuchten PDS in einem sinkenden Kraftstoffverbrauch. Durch den Einsatz des 0,90-Quantilkennfelds wird eine Verbrauchsreduktion von 4,25 Prozent im STS und 6,21 Prozent im WLTC gegenüber der digitalen Regelung mit dem Basisdatenstand E000000 erzielt. Auch die Zustartfrequenz nimmt mit steigender Startschwelle ab. Während mit der Basisvariante jede Antriebsphase im Sustaining-Betrieb einen Start des Verbrennungsmotors bewirkt, wird der Anteil der elektrischen Antriebsphasen mit dem 0,90-Quantilkennfeld im innerstädtischen Betrieb auf bis zu 90 Prozent gesteigert. Es wird eine Reduktion der Zustartfrequenz um 35,23 Prozent erreicht.

Abbildung 6.15 beschreibt die Effekte im Antriebsstrang zur Beeinflussung des Kraftstoffverbrauchs und der Zustartfrequenz. Die Boxplots repräsentieren die einzelfahrtspezifischen Kenngrößen der 189 Einzelfahrten des STS. Zur Unterscheidung zwischen den Quantilen der Boxplots und den Basisquantilen der Varianten werden die Lagemaße der Boxplots als *Quartile* bezeichnet. Die Daten der Diagramme A–C, E und F sind anhand des dritten Quartils und des 1,5-fachen Interquartilsabstands der maximalausgeprägten Variante normiert. Diagramm A zeigt die einzelfahrtspezifischen E-Fahrtzeiten der Varianten. Die E-Fahrtzeit T_{EF} einer Fahrt wird gemäß Gleichung 6.16 als Integral der Indikatorfunktion $\mathcal{I}_{EF}$ bestimmt, welche für Geschwindigkeiten größer null unter aktiver Leistungsanforderung und deaktiviertem Verbrennungsmotor den Wert eins annimmt.

$$\mathcal{I}_{EF}(t)\begin{cases}1\ wenn\ v(t) > 0\ \wedge \mathcal{P}_{An}(t) > 0 \wedge Bit_{VM} = 0\\ 0\ sonst\end{cases}$$

$$\mathcal{I}_{VM}(t)\begin{cases}1\ wenn\ v(t) > 0\ \wedge\ Bit_{VM} = 1\\ 0\ sonst\end{cases}$$

$$T_{EF/VM} = \int_{t_0}^{t_1} \mathcal{I}_{EF/VM}(t)dt \qquad \text{Gl. 6.16}$$

mit: v = Geschwindigkeit [km/h], $\mathcal{P}_{An}$ = angeforderte Leistung [W], Bit_{VM} = Verbrennungsmotor an/aus, t = Zeit [s]

Die Dauer der E-Fahrtphasen für das erste und zweite Quartil steigt über den Varianten um einen Faktor von zehn an. Für Fahrten mit längeren E-Fahrtphasen sinkt die Steigerung zwar, jedoch weist auch der Schwellenwert für 75 Prozent der Einzelfahrten mit dem 0,90-Quantilskennfeld einen um den Faktor 2,28 höheren Wert gegenüber dem Datenstand E000000 auf.

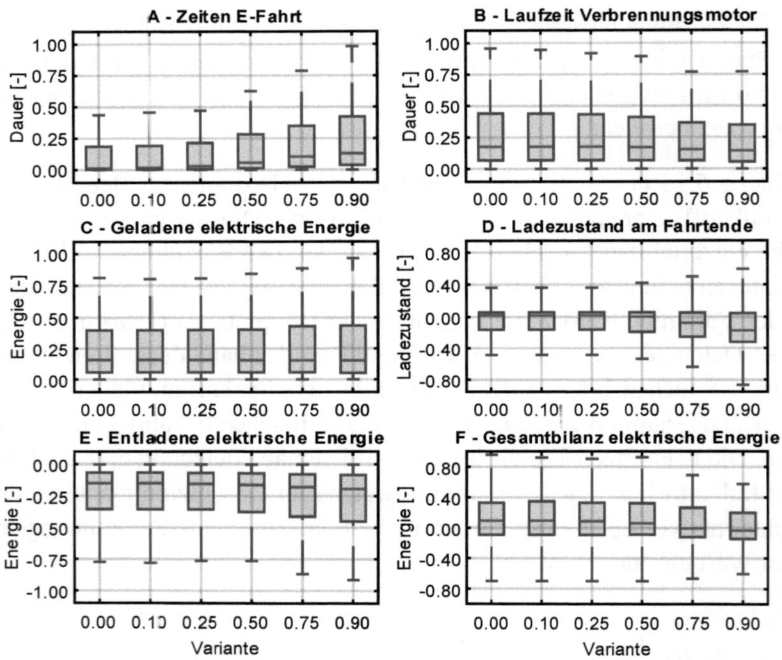

Abbildung 6.15: Variantenspezifische Verteilungen der Effekte zur Beeinflussung des Kraftstoffverbrauchs und der Zustartfrequenz bei steigender Startleistungsschwelle des Verbrennungsmotors

Gegenläufig dem Trend der elektrischen Fahrt wird die Laufzeit des Verbrennungsmotors mit steigender Startschwelle reduziert. Die Berechnung der Zeiten T_{VM} erfolgt ebenfalls anhand Gleichung 6.16 mit der Indikatorfunktion $\mathcal{I}_{VM}$ für Geschwindigkeiten größer null und aktivem Verbrennungsmotor. Für die 0,90-Quantilsvariante ergibt sich eine relative Änderung der Quartile gegenüber der Basisvariante zwischen 17,96 und 21,04 Prozent. Eine Erhöhung der

Startschwelle resultiert insbesondere für Fahrten über eine geringe Distanz und Fahrten mit geringem E-Fahrtanteil in einer deutlichen Zunahme an elektrischen Antriebsphasen, während die Laufzeit des Verbrennungsmotors im Allgemeinen reduziert wird.

Längere E-Fahrtphasen und geringere Laufzeiten des Verbrennungsmotors resultieren in einem höheren Bedarf an elektrischer Energie. Zur Quantifizierung wird die Änderung der elektrischen Energie über eine Fahrt nach Gleichung 6.1 berechnet. Zur Unterscheidung der Bilanzierungen der absoluten, geladenen oder entladenen Energie wird der gesamte Signalverlauf verwendet oder entsprechend auf die positiven und negativen Anteile gefiltert. Diagramm F zeigt die Gesamtbilanzen der elektrischen Energie der Einzelfahrten über den Varianten. Etwa 70 Prozent der Sustaining-Startladewerte weisen ein Niveau unterhalb des Arbeitspunkts auf (s. Abbildung 6.1), womit während den Fahrten ein Laden auf Arbeitspunktniveau angestrebt wird. Zusätzlich führt eine geringe Zustartschwelle dazu, dass rekuperierte und geladene Energie nicht für eine elektrische Fahrt eingesetzt wird. Entsprechend treten häufiger positive Energiebilanzen auf und der Ladezustand zu Fahrtende (Diagramm D) weist mit geringer Zustartschwelle eine hohe Arbeitspunkttreue auf. Mit steigender Zustartleistung und längeren E-Fahrtphasen wird die Energie der Traktionsbatterie verstärkt eingesetzt. Diagramm E zeigt den Zusammenhang, dass mit einer höheren Startschwelle mehr elektrische Energie aus der Traktionsbatterie entnommen wird, während Diagramm F eine ausgeglichenere Gesamtbilanz der elektrischen Energie über die Einzelfahrten zeigt. Außerdem verschiebt sich der Schwellenwert für 50 Prozent der Fahrten über die Varianten von einer positiven Ausprägung hin zu einer negativen, womit tendenziell mehr Energie genutzt als geladen wird. Zur teilweisen Kompensation wird mit höherer Zustartschwelle mehr Energie durch Lastpunkterhöhung geladen (Diagramm C). Während für Fahrten mit geringerem Nachladepotenzial die ersten beiden Quartilswerte näherungsweise konstante Ausprägungen über den Varianten aufweisen, steigt der Schwellenwert für das dritte Quartil um 9,04 Prozent gegenüber dem Datenstand E000000 an.

Eine steigende Startschwelle resultiert in einem verstärkten Einsatz rekuperierter und nachgeladener Energie sowie einem verstärkten Nachladen und somit in einer stärkeren Nutzung der Traktionsbatterie. Als Konsequenz steigt die Wahrscheinlichkeit eines Abstellens des Fahrzeugs mit einem Ladezustand ungleich des Arbeitspunktniveaus (Diagramm D). Mit der 0,90-Quantilsvariante sinkt das erste Quartil der tiefsten Ladezustände zu Fahrtende auf -0,32. 50 Prozent der Fahrten enden bei einem Ladezustandsniveau zwischen -0,32 und 0,04. Insgesamt wird durch die verstärkte Nutzung der Traktionsbatterie eine Effizienz- und Komfortsteigerung erreicht.

Zur Auswahl der bestgeeigneten Variante zur Erfüllung der Anforderungen wird basierend auf den Kenngrößen für die Effizienz und den Komfort das Gütekriterium der MEA berechnet. Die Ergebnisse sind in Tabelle 6.2 zusammengefasst. Da sowohl die Effizienz als auch der Komfort positiv von einer steigenden Startschwelle beeinflusst werden, stellt die 0,90-Quantilsvariante die ideale Lösung der vorhanden Variantenauswahl dar. Es wird ein Wert von 1,0 erreicht und die 0,90-Quantilsvariante für die weiteren Tests im Datenstand E900000 implementiert.

Tabelle 6.2: Gütekriterien der multikriteriellen Entscheidungsanalyse zur Parametrierungsauswahl in Gesamtiteration 2

Variante	EP_1	EP_2	EP_3
Basis	0,000	0,596	0,400
0,10	0,066	0,629	0,515
0,25	0,118	**0,651**	**0,667**
0,50	0,358	0,570	0,660
0,75	0,739	0,492	0,570
0,90	**1,000**	0,404	-

In der zweiten Sub-Iteration werden die Parameterwerte der Verzögerungskennlinie EP_2 untersucht. Die Ergebnisse sind in der oberen Zeile von Abbildung 6.16 visualisiert. Für die Effizienz- und Komfortkenngrößen ergeben sich gegenläufige Trends. Mit steigender Verzögerungszeit für das Abschalten des Verbrennungsmotors in Verzögerungsphasen steigt der Kraftstoffverbrauch an. Relativ zum E900000 ergibt sich mit der 0,90-Quantilskennlinie ein Mehrverbrauch von 3,68 Prozent im serienäquivalenten Betrieb. Im WLTC weist das System eine höhere Sensitivität auf, der Verbrauch steigt um bis zu 9,60 Prozent. Durch geringere E-Fahrtzeiten und längere Laufzeiten des Verbrennungsmotors wird die Nutzung der Traktionsbatterie reduziert, weniger Lastpunkterhöhung durchgeführt sowie die Arbeitspunkttreue des Systems erhöht. Die Boxplots der Effekte im Antriebsstrang sind in Abbildung A2.1 im Anhang dargestellt. Die Zustartfrequenz kann im Maximum um 36,12 Prozent reduziert werden. Die Gütekriterien zur Bestimmung einer Kompromissvariante aus Effizienz- und Komfort sind in Tabelle 6.2 in Spalte EP_2 zusammengefasst. Basierend auf den gegenläufigen Trends der Kenngrößen repräsentiert keine Variante die ideale Lösung. Als bester Kompromiss wird die 0,25-Quantilskennlinie bestimmt und der Datenstand E902500 gebildet.

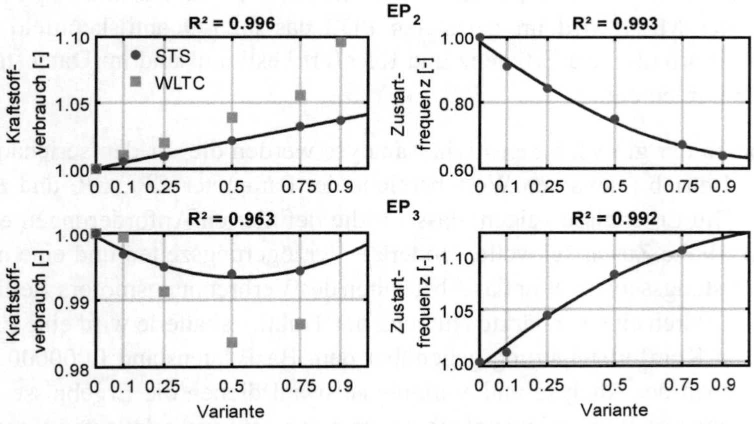

Abbildung 6.16: Globale Sensitivitätsanalyse der Parameter EP_2 und EP_3 im serienäquivalenten Betrieb und im WLTC

In der dritten und letzten Sub-Iteration wird das Kennfeld EP_3 für das Abschalten des Verbrennungsmotors während Antriebsphasen modifiziert. Zur Gewährleistung einer Hysterese im Zusammenwirken mit EP_1 wird EP_3 bis zur nächstkleineren Quantilsvariante getestet. In dieser Iteration entspricht dies den 0,10-, 0,25-, 0,50- und 0,75-Quantilen. Die resultierenden Effizienz- und Komfortkenngrößen sind in der unteren Zeile von Abbildung 6.16 dargestellt. Für den Kraftstoffverbrauch ergibt sich der geringste Wert mit der 0,50-Quantilsvariante. Durch das Abschalten des Verbrennungsmotors während Antriebsphasen kann eine Verbrauchsreduktion von 0,62 Prozent im STS und von 1,62 Prozent im WLTC gegenüber dem Datenstand E902500 erreicht werden. Im serienäquivalenten Betrieb variiert der Verbrauch zwischen den 0,25-, 0,50- und 0,75-Quantilsvarianten um 0,10 Prozent. Dem relativ geringen Effizienzgewinn steht eine Steigerung der Zustartfrequenz von bis zu 10,56 Prozent gegenüber. Bereits die 0,25-Quantilsvariante erhöht die Zustartfrequenz um 4,41 Prozent im Vergleich zu einem deaktivierten Ablegen in Antriebsphasen. Abbildung A3.1 im Anhang zeigt die Effekte der Modifikation im Antriebsstrang. Es wird eine geringe Steigerung der E-Fahrtzeiten und eine geringe Verkürzung der Laufzeit des Verbrennungsmotors erreicht, während der Anteil der während der Fahrt geladenen Energie näherungsweise konstant bleibt. Die resultierenden Gütekriterien für die Modifikation des Parameters EP_3 sind in Tabelle 6.2 zusammengefasst. Anhand der MEA wird im getesteten PDS das 0,25-Quantilskennfeld als bester Kompromiss aus Effizienz und Komfort bestimmt und im Datenstand E902525 implementiert.

Im Rahmen der globalen Sensitivitätsanalyse werden die für den serienäquivalenten Betrieb relevanten Wertebereiche der Parameter EP_1, EP_2 und EP_3 getestet. Die Ergebnisse zeigen, dass für die definierten Anforderungen eine möglichst hohe Zustartschwelle, moderate Verzögerungszeiten und eine moderate Leistungsschwelle für das Abschalten des Verbrennungsmotors zielführend sind. Durch eine verstärkte Nutzung der Traktionsbatterie wird eine Effizienz- und Komfortsteigerung gegenüber dem Basisdatenstand E000000 erreicht. Neben der Analyse und Variantenauswahl dienen die Ergebnisse zur Bestimmung von Regressionspolynomen zur Auswahl von relevanten Varianten für die dritte Gesamtiteration.

Gesamtiteration 3

Die dritte Gesamtiteration zur datengetriebenen Parametrierung wird als lokale Sensitivitätsanalyse ausgeführt [89]. Basierend auf dem in der vorangegangenen Iteration bestimmten Datenstand E902525 erfolgt eine Feinjustierung der Parameter. Zur Darstellung des Detailierungsgrads der Varianten werden für die lokale Sensitivitätsanalyse die Basisquantile mit drei Nachkommastellen angegeben. Der Datenstand E902525 wird zur Startladewertbestimmung und Kompensationsrechnung eingesetzt. Zur Auswahl priorisierter Varianten werden anhand der Regressionspolynome die Kenngrößen für Effizienz und Komfort über den gesamten serienrelevanten Wertebereich der Parameter berechnet. Abbildung 6.17 zeigt die Ergebnisse. Auf der Ordinate des Diagramms sind 41 Varianten mit einer Schrittweite von 0,025 zwischen dem 0,000- und 1,000-Quantil für die Parameter EP_1, EP_2 und EP_3 dargestellt. Die

Graustufenskala beschreibt das bestimmte MEA-Gütekriterium der berechneten Kenngrößen. Zur Auswahl der zu testenden Varianten werden pro Parameter die besten sechs Ergebnisse herangezogen. Für EP_1 werden die Quantile 0,875 bis 1,000 getestet.

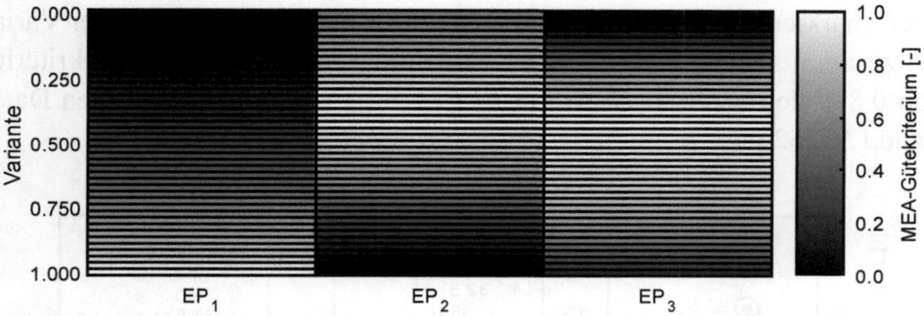

Abbildung 6.17: Mittels Regressionspolynomen berechnete Gütekriterien der multikriteriellen Entscheidungsanalyse

Für die erneute Modifikation von EP_1 werden die Werte der Parameter EP_2 und EP_3 weiterhin durch die 0,250-Quantilsvarianten abgebildet. Die Ergebnisse der modifizierten EP_1-Werte sind in Abbildung 6.18 visualisiert. Auf der Abszisse ist der Kraftstoffverbrauch, auf der Ordinate die Zustartfrequenz im serienäquivalenten Betrieb aufgetragen. Die Graustufenskala beschreibt den Kraftstoffverbrauch im WLTC. Die Werte sind auf die Ergebnisse des Datenstands E000000 normiert, womit eine relative Veränderung der Parametrierungsvarianten gegenüber der digitalen Regelung beschrieben wird. Die Kraftstoffeinsparung im getesteten PDS variiert zwischen 2,92 und 4,00 Prozent. Ausgehend von der 0,900-Quantilsvariante resultiert eine weitere Steigerung der Startleistungsschwelle – entgegen dem globalen Trend des Regressionspolynoms – in einer Erhöhung des Kraftstoffverbrauchs im STS. Im WLTC erzielen die Modifikationen eine Kraftstoffersparnis zwischen 4,76 und 5,60 Prozent, wobei die erreichten Werte keinen Trend erkennen lassen. Die Varianten 0,875, 0,925 und 1,000 weisen die geringsten Werte auf, während die Varianten 0,900, 0,950 und 0,975 in höheren Kraftstoffverbrauchswerten resultieren. Auf dem untersuchten Kenngrößenniveau werden die Differenzen durch Einzelereignisse im Zyklus und nicht mehr durch einen generellen

Trend hervorgerufen. Die Zustartfrequenz kann im STS mit höheren Schwellenwerten um weitere 7,60 Prozent auf eine Gesamtreduktion von maximal 46,22 Prozent gegenüber dem E000000 reduziert werden. Zur besseren Lesbarkeit sind die Quantile in den Diagrammen EP_1–EP_3 als Prozentwerte angegeben und die Varianten mit den höchsten MEA-Gütekriterien sind mit einem Kreis markiert. In Tabelle 6.3 sind die berechneten Gütekriterien aller Varianten zusammengefasst. Das 0,925-Kennfeld erreicht mit einem Gütekriterium von 0,899 den höchsten Wert der EP_1-Modifikation und wird in den Datenstand E922525 implementiert.

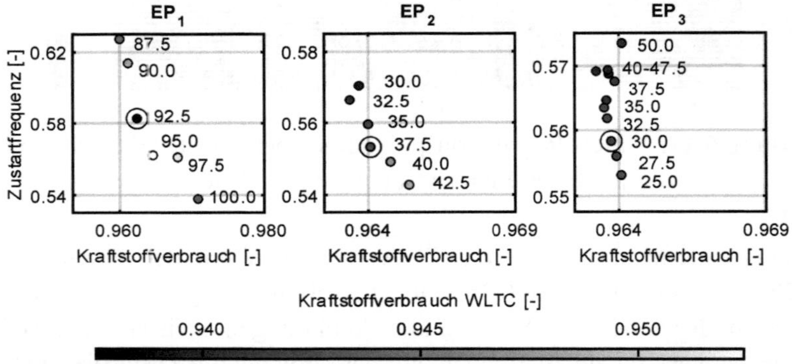

Abbildung 6.18: Ergebnisse der Parametermodifikation für EP_1, EP_2 und EP_3 in der dritten Gesamtiteration relativ zum Basisdatenstand E000000

Für die zweite Sub-Iteration werden die 0,300 bis 0,425-Verzögerungskennlinien als weitere Modifikationen des Parameters EP_2 definiert. Durch die Erhöhung der Verzögerungszeiten wird eine Zustartfrequenz zwischen 54,27 und 57,05 Prozent des initialen Niveaus erreicht. Die 0,300-Kennlinie erreicht im WLTC die höchste Kraftstoffeinsparung mit 6,09 Prozent. Im serienäquivalenten Betrieb resultiert eine Kraftstoffeinsparung von bis zu 3,66 Prozent im Vergleich zum Basisdatenstand E000000, wobei der Kraftstoffverbrauch durch die weitere Modifikation von EP_2 insgesamt um weniger als ein Prozent variiert. Die resultierenden MEA-Gütekriterien sind in Tabelle 6.3 zusammengefasst. Als bester Kompromiss zur Optimierung der Kenngrößen der Effizienz und des Komforts erreicht die 0,375-Kennlinie einen Gütewert von 0,611.

Die detaillierte Untersuchung des Parameters EP_2 ermöglicht insgesamt eine weitere Komforterhöhung bei einer geringen Steigerung des Kraftstoffverbrauchs.

Tabelle 6.3: Gütekriterien der multikriteriellen Entscheidungsanalyse zur Parametrierungsauswahl in Gesamtiteration 3

Variante	EP_1	Variante	EP_2	Variante	EP_3
0,875	0,844	0,300	0,597	0,250	0,811
0,900	0,825	0,325	0,609	0,275	0,8171
0,925	**0,899**	0,350	0,601	**0,300**	**0,8173**
0,950	0,800	**0,375**	**0,611**	0,325	0,802
0,975	0,778	0,400	0,572	0,350	0,797
1,000	0,794	0,425	0,566	0,375	0,808
-	-	-	-	0,400	0,781
-	-	-	-	0,425	0,795
-	-	-	-	0,450	0,790
-	-	-	-	0,475	0,799
-	-	-	-	0,500	0,759

Die lokale Sensitivitätsanalyse des Parameters EP_3 wird zusätzlich zur Auswahl der sechs besten Varianten um weitere Modifikationen ergänzt. Die initiale Auswahl wird nach bekanntem Schema ermittelt. Die Ergebnisse sind in Abbildung 6.18 im Diagramm EP_3 für die 0,375-0,500-Kennfelder eingezeichnet. Da die Varianten auf den Tiefpunkt des Kraftstoffregressionspolynoms zulaufen, variieren die Ergebnisse um maximal 0,09 Prozent im Kraftstoffverbrauch. Auch für die Zustartfrequenz ergibt sich tendenziell ein Plateau, die Werte variieren um 0,88 Prozent. Nach dem Verlauf des Regressionspolynoms in Abbildung 6.16 sinkt die Zustartfrequenz mit einer geringeren Leistungsschwelle für das Abschalten des Verbrennungsmotors in Antriebsphasen. Da die 0,375-0,500-Kennfelder näherungsweise konstante Kenngrößen im serienäquivalenten Betrieb aufweisen, wird zur weiteren Analyse des Systems die Leistungsschwelle auf die 0,250-0,350-Quantile gesenkt. Durch den geringen Einfluss des Parameters EP_3 auf den Kraftstoffverbrauch wird durch diese Maßnahme bei näherungsweiser konstanter Effizienz ein Komfortgewinn von bis zu 2,03 Prozent erreicht. Die resultierenden Gütekriterien sind in Tabelle 6.3 zusammengefasst. Die Kennfelder der 0,275- und 0,300-

Varianten erreichen die besten Werte, wobei das 0,300-Kennfeld in der vierten Nachkommastelle einen höheren Wert erzielt.

Im Rahmen der lokalen Sensitivitätsanalyse der Parameter EP_1, EP_2 und EP_3 der E-Fahrtsteuerung wird der Datenstand E923730 als die beste Variante zur Ermöglichung eines effizienten und komfortablen Systemverhaltens definiert. In Abbildung 6.19 sind die ausgewählten Parametervarianten aufgezeigt. Die Leistungskennfelder sind als Schnitt über den Ladezustand auf Arbeitspunktniveau dargestellt. Das EP_1-Kennfeld ermöglicht zur Vermeidung von verbrauchsungünstigem Teillastbetrieb des Verbrennungsmotors eine dominant elektrische Fahrt im Bereich I (Geschwindigkeitsindex 1–8). Auch bei sinkendem Ladezustand wird durch einen gering gewählten Gradienten G_{SoC} von 1,25 Prozent pro Index möglichst lange eine elektrische Fahrt fokussiert.

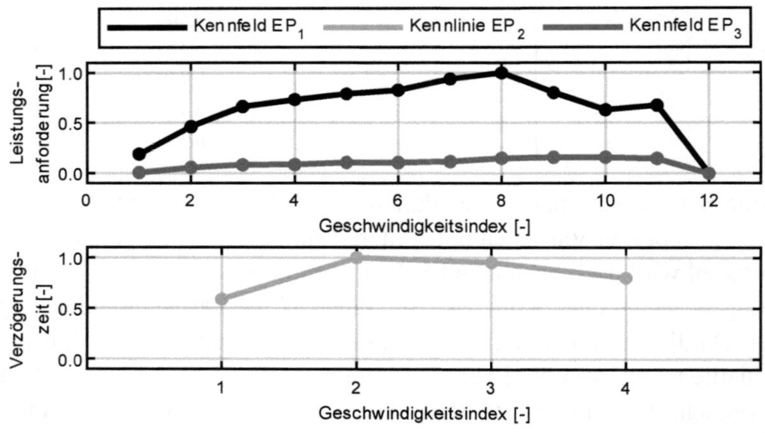

Abbildung 6.19: Ergebnisdatenstand E923730 der datengetriebenen Parametrierung

Mit steigender Fahrleistungsanforderung im Bereich II (Geschwindigkeitsindex 9–12) wird durch einen Gradienten G_v von 7,50 Prozent pro Index ein Starten des Verbrennungsmotors fokussiert und ein Laden der Traktionsbatterie ermöglicht. Nach einem Übergang zur hybriden Fahrt wird durch die gewählte EP_2-Kennlinie ein Ausschalten des Verbrennungsmotors durch ein kurzzeitiges Lösen des Fahrpedals verhindert, womit ein störender Wechsel zwischen elektrischer und hybrider Fahrt vermieden wird. Gleichzeitig wird zur Reduktion des Kraftstoffverbrauchs ein Ausschalten des Verbrennungsmotors bei längeren Verzögerungsphasen ermöglicht. Das EP_3-Kennfeld bildet zusammen mit dem EP_1-Kennfeld eine große Hysterese, womit auch in Antriebsphasen ein häufiges Ein- und Ausschalten des Verbrennungsmotors verhindert und ein hoher Fahrkomfort erreicht wird.

Die durchgeführte Untersuchung verdeutlicht die Relevanz der Parametrierung des Systems. Die Ergebnisse zeigen, dass durch ein leistungsbasiertes Starten und Abschalten des Verbrennungsmotors im Sustaining-Betrieb sowie durch ein zeitlich geregeltes Abschalten in Verzögerungsphasen sowohl eine Effizienzsteigerung als auch eine Komfortsteigerung gegenüber einem rein digitalen Betrieb erzielt werden kann. Eine verstärkte Nutzung der Traktionsbatterie durch eine Erhöhung der E-Fahrtzeiten und einem verstärkten Laden während der Fahrt ermöglicht eine Reduktion des Kraftstoffverbrauchs und der Zustartfrequenz. Im Beispiel wird eine Kraftstoffersparnis von 3,63 Prozent und eine Reduktion der Zustartfrequenz um 44,17 Prozent gegenüber dem initialen Datenstand E000000 im serienäquivalenten Betrieb erreicht. Zur weiteren Adaption der E-Fahrtsteuerung kann in zusätzlichen Iterationen das Arbeitspunktniveau und das freigegebene Ladezustandsfenster untersucht werden. Im folgenden Abschnitt wird die Robustheit der bestimmten Parametrierung getestet.

6.4 Evaluierung im serienäquivalenten Betrieb

Die Qualität regelbasierter Betriebsstrategien hängt von den zur Auslegung genutzten Fahrprofilen ab [4]. Speziell in konkret betrachteten Einzelfahrten können Modifikationen einzelner Parameter das Systemverhalten stark beeinflussen. Damit der Einfluss dieses Effekts nicht überbewertet wird und um bereits frühzeitig im Entwicklungsprozess eine Analyse des Serienbetriebs zu ermöglichen, wird im Rahmen der vorgestellten Datenstrategie der durchschnittliche Serienbetrieb durch äquivalente Testszenarien abgebildet. Eine probabilistische Implementierung der Testszenarienberechnung garantiert variierende Testfälle bei gesamtheitlich konstanten Charakteristiken über verschiedene Testszenarien. Die Testergebnisse aus einzelnen Szenarien definieren potenzielle Merkmalsausprägungen des Systems im späteren Serieneinsatz. Für die Evaluierung des Datenstands werden vier STS über jeweils 2.900 Kilometern eingesetzt. Zur Berechnung der einzelnen STS werden bereits verwendete Micro-Trips der anderen STS aus der Datenbank gefiltert. Abbildung 6.20 visualisiert den Prozess zur serienäquivalenten Evaluierung der Betriebsstrategie (Schritt C). Die Evaluierung des Systemverhaltens wird in die Fälle C_1 und C_2 untergliedert. Ein Vergleich von Datenständen kann sowohl zwischen verschiedenen Testszenarien als auch mit einem Referenzdatenstand durchgeführt werden. Unabhängig vom Anwendungsfall bedarf der zu testende Datenstand einer Ladezustandskompensation sowie einer Bestimmung der Startladewerte der Traktionsbatterie für jedes der Szenarien.

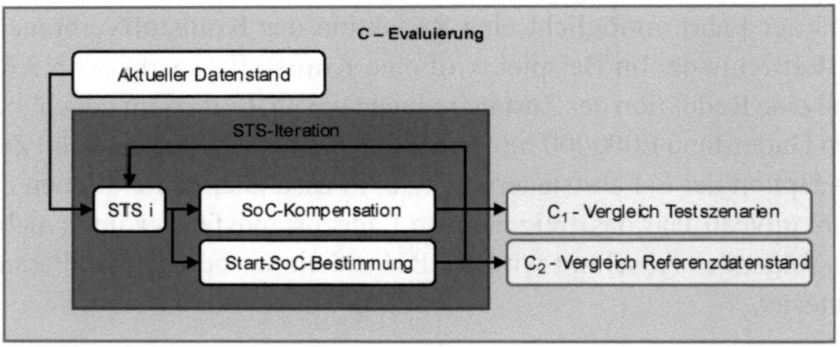

Abbildung 6.20: Prozess zur Evaluierung der Betriebsstrategie im serienäquivalenten Betrieb

Mittels des C_1-Testfalls wird die Variation von potenziellen Ausprägungen im Serienbetrieb quantifiziert. Die Tests können zur Überprüfung der Robustheit der Betriebsstrategie eingesetzt werden und wirken einer testszenarienspezifischen Entwicklung entgegen. Es wird eine Prädiktion von Kenngrößenvariationen im späteren Serienbetrieb ermöglicht, womit das Erreichen von Lastenheftzielen kontinuierlich und ab den frühen Phasen des PEP geprüft und dokumentiert werden kann. Die C_1-Ergebnisse des Datenstands E923730 sind in Abbildung A4.1 im Anhang dargestellt. Für die vier Testszenarien ergibt sich über insgesamt 11.600 Kilometer ein Unterschied im Durchschnittsverbrauch der einzelnen Testszenarien von maximal 3,72 Prozent, bei einer um maximal

2,91 Prozent variierenden durchschnittlichen Zustartfrequenz, womit der Datenstand insgesamt ein robustes Systemverhalten ermöglicht.

Im Evaluierungsfall C_2 werden Vorgängerversionen zur Quantifizierung der Auswirkungen von Modifikationen als Referenz verwendet. Durch das Testen kann ein neuer PDS sowohl auf gewünschte als auch auf unerwünschte Änderungen untersucht werden. Im folgenden Beispiel wird hierzu ein im Fahrzeug parametrierter Entwicklungsdatenstand der E-Fahrtsteuerung dem Datenstand E923730 gegenübergestellt. Die übrigen Funktionen der Datenstände nutzen dieselben Parameterwerte. Beide Varianten werden in vier STS simuliert. Die Ergebnisse der insgesamt 23.200 Kilometer Testfahrten sind in Abbildung 6.21 dargestellt.

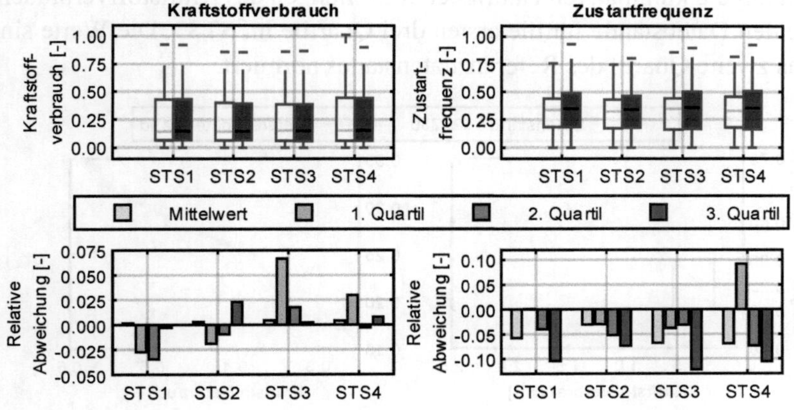

Abbildung 6.21: C_2 – Vergleich des Datenstands E923730 (helle Boxplots) mit dem Referenzdatenstand (dunkle Boxplots) in vier serienäquivalenten Testszenarien

Die linke Spalte beschreibt die Kraftstoffverbrauchswerte; die rechte Spalte beschreibt die Zustartfrequenzen. In der oberen Zeile sind jeweils die Kenngrößen der 189 Einzelfahrten als Boxplots dargestellt. Die Daten sind auf das dritte Quartil und den 1,5-fachen Interquartilsabstand der Maximalausprägung des Referenzdatenstands normiert. Die hellen Boxplots beschreiben die Kenngrößen des E923730, die dunklen Boxplots die Kenngrößen des Referenzdatenstands. Die relativen Abweichungen der unteren Diagramme beschreiben die Quotienten der Lagemaße für die zwei Datenstände in einem STS. Positive Abweichungen entsprechen höheren, negative Abweichungen geringeren Werten des E923730 gegenüber dem Referenzdatenstand.

Der durchschnittliche Kraftstoffverbrauchswert des in Abschnitt 6.3 parametrierten Datenstands E923730 weist über vier Testszenarien eine maximale Erhöhung um 0,42 Prozent gegenüber dem Referenzdatenstand auf. Die einzelnen Quartilswerte variieren dabei für die STS1, STS2 und STS4 um maximal 2,98 Prozent, während das erste Quartil im STS3 einen um 6,65 Prozent höheren Wert aufweist. Die erhöhte Abweichung des ersten Quartils deutet auf eine geringere Robustheit des E923730 gegenüber den Testbedingungen der Einzelfahrten über kurze Distanzen im STS3 hin. Abbildung 6.22 zeigt im linken Diagramm die kumulativen Häufigkeitsverteilungen des Kraftstoffverbrauchs der beiden Datenstände für die ersten drei Quartile im STS3. Die Werte sind auf das zweite Quartil des Referenzdatenstands normiert.

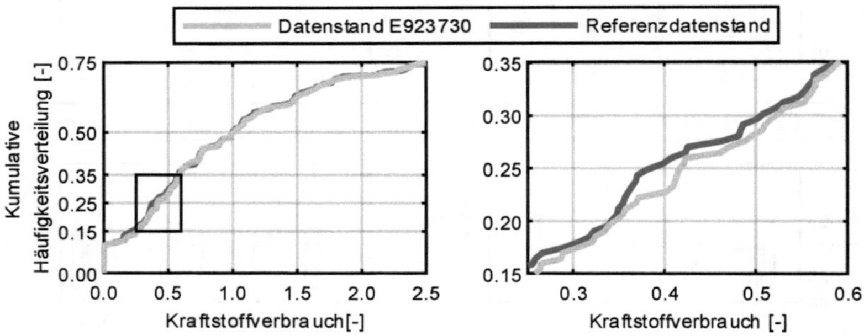

Abbildung 6.22: Kumulative Häufigkeitsverteilung des Kraftstoffverbrauchs im STS3 für den Datenstand E923730 und den Referenzdatenstand

Die Daten zeigen insgesamt den Trend des arithmetischen Mittels eines näherungsweisen konstanten Kraftstoffverbrauchs. In der Detailansicht im rechten Diagramm sind die Differenzen der Verteilungsfunktionen für den ersten Quartilswert ersichtlich. Prinzipiell verfolgen die Datenstände differenzierte Strategien, die über eine Vielzahl von Einzelfahrten eine ähnliche Effizienz erreichen. Allerdings resultiert der E923730 für etwa fünf Prozent der Fahrten über geringe Distanzen in einem erhöhten Kraftstoffverbrauch, während der

Referenzdatenstand hier eine höhere Robustheit gegenüber den Testbedingungen aufweist. Zur konkreten Ursachenanalyse können die identifizierten Testbedingungen im Detail betrachtet und der Datenstand gegebenenfalls adaptiert werden.

Bezüglich der Zustartfrequenz wird mit dem Datenstand E923730 im arithmetischen Mittel ein um 3,05 bis 6,90 Prozent geringerer Wert gegenüber dem Referenzdatenstand erreicht. Der größte Vorteil wird hierbei für hohe Frequenzen erzielt. Der Wert des dritten Quartils wird über die Testszenarien um 7,36 bis 12,18 Prozent reduziert. Während der Trend der geringeren Zustartfrequenz für die weiteren Lagemaße der STS ebenfalls vorhanden ist, weicht im STS4 das erste Quartil von diesem Trend ab. Der Referenzdatenstand erreicht hier zwar die geringeren Zustartfrequenzen, jedoch weist das dritte Quartil zugleich den höchsten Wert auf. Es resultiert eine breite Streuung und somit eine geringere Robustheit im STS4. Der Datenstand E923730 weist dagegen über alle vier STS eine geringere Streuung auf und erreicht somit das robustere Systemverhalten bezüglich der Zustartfrequenz. Insgesamt werden im arithmetischen Mittel mit dem Datenstand E923730 ein näherungsweise konstanter Kraftstoffverbrauch und eine Reduktion der Zustartfrequenz gegenüber dem im Fahrzeug parametrierten Referenzdatenstand erzielt.

Multikriterielle Entscheidungsanalyse

Zur Evaluierung der Datenstände im serienäquivalenten Betrieb wird die MEA durchgeführt. Als Basisdaten dienen die in den vier STS sowie dem WLTC ermittelten Effizienz- und Komfortkenngrößen. Analog dem Vorgehen aus Abschnitt 6.3.2 werden jeweils die Mittelwerte pro STS zur Berechnung des Gütekriteriums verwendet. Es resultiert ein 9-dimensionaler Kenngrößenraum zur systematischen Bewertung der Datenstände. Der Basisdatenstand E000000 wird als Referenz in die Bewertung integriert und definiert die oberen Grenzen des Einheitsraums. Tabelle 6.4 fasst die Kenngrößen zur Evaluierung der Datenstände zusammen. Im oberen Teil der Tabelle sind die relativen Abweichungen der Kenngrößen für die Datenstände E923730 und E000000 gegenüber dem Referenzdatenstand zusammengefasst. Im unteren Teil sind die euklidischen Distanzen zur idealen und anti-idealen Lösung im Einheitsraum aufgezeigt. Die Gütekriterien nach Gleichung 6.13 ergeben sich zu 0,955 und 0,932 für den Referenzdatenstand und den E923730. Der Datenstand E000000 entspricht der anti-idealen Lösung. Unter den zur Auswahl stehenden Datenständen erreicht der Referenzdatenstand mit den formulierten Anforderungen das höchste Gütekriterium.

Tabelle 6.4: Kenngrößen der multikriteriellen Entscheidungsanalyse zur Evaluierung der Datenstände Referenz, E923730 und E000000

	Relative Abweichung Kraftstoffverbrauch [%]			Relative Abweichung Zustartfrequenz [%]		
	Referenz	E923730	E000000	Referenz	E923730	E000000
STS1	-	0,26	4,91	-	-3,05	73,76
STS2	-	0,16	4,42	-	-5,77	77,58
STS3	-	0,43	4,48	-	-6,79	83,80
STS4	-	0,40	4,62	-	-6,90	77,85
WLTC	-	1,13	7,42	-	-	-
	Referenz		E923730		E000000	
d_j^+	0,015		0,023		0,332	
d_j^-	0,323		0,317		0,000	
Güte-kriterium [-]	**0,955**		**0,932**		**0,000**	

Insgesamt zeigt die Evaluierung des E923730 sehr gute Ergebnisse. Auf der Grundlage allgemeiner Betriebsweisen kann in 80 Stunden Simulationszeit ein Datenstand definiert werden, der im serienäquivalenten Betrieb bei näherungsweise konstantem Kraftstoffverbrauch die Zustartfrequenz reduziert und damit den Fahrkomfort gegenüber einem im Fahrzeug parametrierten Entwicklungsdatenstand steigern kann. Die datengetriebene Parametrierung ermöglicht die systematische Identifikation von Zusammenhängen und eine fundierte Definition von Parametervarianten, während die Evaluierung in verschiedenen serienäquivalenten Testszenarien die Identifikation von Schwachstellen der Datenstände ermöglicht und somit zur frühzeitige Robustheitssteigerung der Betriebsstrategie beiträgt.

Die Methode der datengetriebenen Parametrierung ist zur Systemanalyse und zur effizienten Definition von initialen Datenständen in frühen Projektphasen entwickelt. Die sequenzielle Vorgehensweise in Schritt B orientiert sich dabei am im Fahrzeug etablierten Prozess. Durch die Analyse eines Parameters werden die im getesteten Datenstand passenden Parameterwerte identifiziert. Jedoch resultiert eine weitere Modifikation von Parametern in suboptimalen Ergebnissen. Um im Folgenden eine weitere Steigerung der Güte zu erreichen, wird die simultane Modifikation der Parameter EP_1, EP_2 und EP_3 unter der Verwendung von Optimierungsrechnungen untersucht.

7 Optimierungsbasierte Parametrierung

Zur systematischen und kundenfokussierten Adaption in frühen Phasen des PEP wird in Kapitel 6 die datengetriebene Parametrierung vorgestellt. Da Parametermodifikationen analog dem Parametrierungsprozess im Fahrzeug sequenziell durchgeführt werden, führen die ermittelten Datenstände zu einer suboptimalen Regelung. Zur Analyse des Potenzials einer simultanen Modifikation wird in diesem Kapitel eine optimierungsbasierte Parametrierung von Betriebsstrategiefunktionen im serienäquivalenten Betrieb untersucht. Als Entwicklungsumgebung werden ebenfalls SiL-Simulationen eingesetzt. Analog den Anforderungen in Kapitel 6 wird ein Kompromiss aus Effizienz- und Komfortkenngrößen zur Definition der Parameter EP_1–EP_3 der E-Fahrtsteuerung angestrebt, woraus das in Gleichung 7.1 dargestellte multikriterielle Optimierungsproblem resultiert.

$$\min_{\vec{x} \in \mathbb{R}^N} f_{ME}(\vec{x}) = \left(f_{E,1}(\vec{x}), f_{E,2}(\vec{x}), f_{E,3}(\vec{x})\right) \qquad \text{Gl. 7.1}$$

mit: f_E = Kenngrößen (Kraftstoffverbrauch $f_{E,1}$ und Zustartfrequenz $f_{E,2}$ im serienäquivalenten Betrieb sowie Kraftstoffverbrauch im WLTC $f_{E,3}$), $\vec{x}$ = Parameter EP_1–EP_3, N = Dimension der Parameter

7.1 Konfiguration der Optimierung

Eine optimierungsbasierte Parametrierung im serienäquivalenten Betrieb bedarf hoher Rechenleistung. Zur Lösung des Optimierungsproblems wird eine von Scheuerle et al. [105] initial implementierte Optimierungsinfrastruktur eingesetzt. Als Optimierungsalgorithmus kommt ein populationsbasierter Ensemble-Algorithmus zum Einsatz (s. Abschnitt 3.2). Sauermann [63] nutzt zur Entwicklung des Algorithmus 30 Partikel. Da dies aufgrund der zur Verfügung stehenden Rechenressourcen in der vorgestellten Arbeit nicht abbildbar ist, wird die Partikelanzahl auf 25 reduziert. Zur Gewährleistung einer möglichst

T. Martini, *Emulation der Straßenerprobung zur Parametrierung und Evaluierung kausaler regelbasierter Betriebsstrategien*, Wissenschaftliche Reihe Fahrzeugtechnik Universität Stuttgart, https://doi.org/10.1007/978-3-658-52931-4_7

effizienten Optimierung werden die Simulationen der Partikel auf mehrere Rechenressourcen verteilt. Abbildung 7.1 visualisiert das Prinzip. Während der Initialisierung wird die genutzte SiL-Konfiguration an ein zentrales *Application Programming Interface* (API) gesendet. Mit jeder Iteration des Optimierungsalgorithmus werden sowohl die Parametervarianten als auch die SiL-Konfiguration von der API auf einzelne Rechenressourcen verteilt und dort im serienäquivalenten Betrieb getestet. Die Ergebnisse werden ebenfalls über die API an den Optimierungsalgorithmus übermittelt.

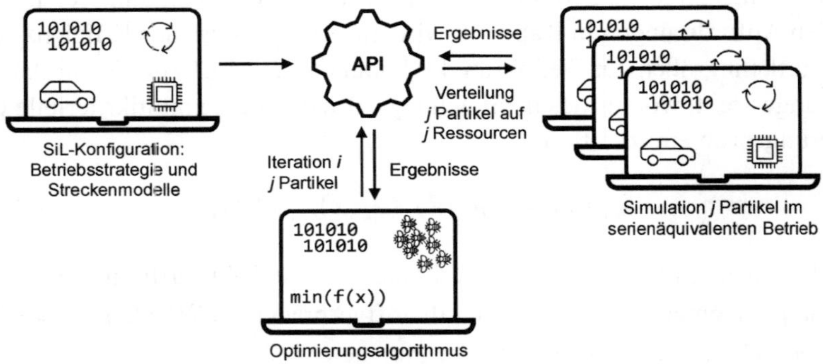

Abbildung 7.1: Infrastruktur zur optimierungsbasierten Parametrierung im serienäquivalenten Betrieb

Die in Kapitel 6 zur datengetriebenen Parametrierung genutzten Testszenarien bilden den Serienbetrieb bezüglich der Häufigkeitsverteilungen der aufgeprägten Lasten äquivalent ab. Durch die Berücksichtigung typischer Fahrtdistanzen im Serienbetrieb kann der Einfluss der Fahrstrecke sowie der Systemkonditionierung in der Betriebsstrategieparametrierung berücksichtigt werden. 2.900 Kilometer werden hierzu auf 189 Einzelfahrten mit variierenden Randbedingungen aufgeteilt. Im Kontext der Optimierungsrechnung bedeutet dies, dass in der initialen Ausprägung der Optimierungsinfrastruktur pro Partikel 189 SiL-Konfigurationen über die API den Rechenressourcen zugewiesen werden. Eine Partikelanzahl von 25 und eine Dateigröße der SiL-Konfiguration von 800 Mega-Byte resultieren hierbei in hohen Verzögerungszeiten. Zusätzlich führt die Dekomprimierung der Dateien aufgrund der verfügbaren Rechenleistung der einzelnen Ressourcen zu einer zusätzlichen Verzögerung, womit speziell die Simulation von Kurzstreckenfahrten in nicht vertretbaren

Simulationszeiten resultiert. Zur Lösung dieser Herausforderungen werden verkettete Fahrprofile nach Abschnitt 5.2 für die optimierungsbasierte Parametrierung eingesetzt. Somit wird der Datentransfer sowie die Dekomprimierung auf ein einmaliges Event pro Partikel einer Iteration reduziert. Nachteilig ist hierbei eine sinkende Abbildungsgüte des serienäquivalenten Betriebs.

Vereinfachte Abbildung des serienäquivalenten Betriebs

Als Konsequenz der getroffenen Vereinfachung wird der serienäquivalente Betrieb als eine Fahrt simuliert, wodurch die Simulationszeit der 2.900 Kilometer von 8 auf 48 Stunden ansteigt. Da eine Dauer von zwei Tagen pro Iteration für eine kontinuierliche Implementierung im PEP nicht zielführend ist, wird die Gesamtdistanz für die optimierungsbasierte Parametrierung an die verfügbaren Rechenressourcen angepasst. Abbildung 7.2 visualisiert das Potenzial zur Kilometereinsparung basierend auf einer Reduktion der abgebildeten Distanzklassen des Serienbetriebs.

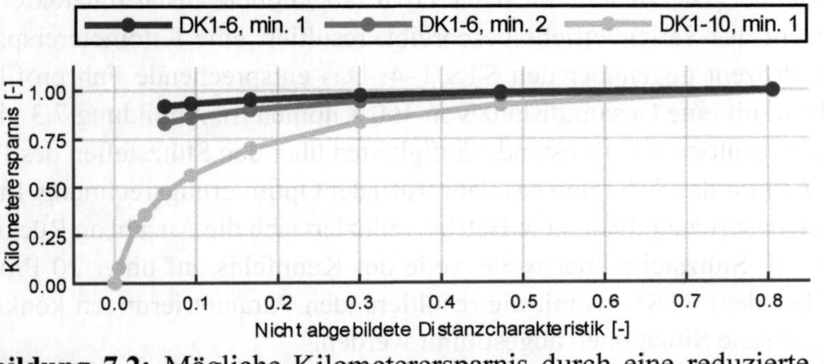

Abbildung 7.2: Mögliche Kilometerersparnis durch eine reduzierte Abbildung der Distanzklassen

Die Ordinate beschreibt die potenzielle Kilometerersparnis, während die Abszissenwerte der kumulativen Häufigkeit der nicht berücksichtigten Distanzklassen des Belastungskollektivs im Serienbetrieb (s. Abbildung 5.9) entsprechen. Die in Kapitel 6 eingesetzten STS bilden die Referenz zur Ermittlung der Kilometerersparnis. Die zugehörige Kennlinie ist in hellgrau (*DK1-10, min.1*) eingezeichnet. Es werden die Distanzklassen 1 bis 10 abgebildet und die Mindestanzahl an Einzelfahrten beträgt eins (s. Abschnitt 5.3.1). Das Belastungskollektiv der Fahrtdistanzen weist eine rechtsschiefe Verteilung auf, womit prinzipiell die höchste berücksichtigte Distanzklasse die Mindestanzahl an Einzelfahrten definiert.

Die Distanzklassen 1–5 beschreiben typische Fahrtdistanzen im Alltagsbetrieb. Wird zusätzlich die Distanzklasse 6 für längere Fahrten berücksichtig, werden 94 Prozent der im Serienbetrieb dokumentierten Distanzcharakteristik abgebildet und die Anzahl an Einzelfahrten der Distanzklasse 6 kann frei gewählt werden. Bei einer Mindestanzahl von einer Fahrt (*DK1-6, min. 1*) ergibt sich eine Reduktion der Gesamtdistanz um 92 Prozent gegenüber der Abbildung aller Distanzklassen. Da eine zu starke Reduktion des Umfangs des serienäquivalenten Betriebs jedoch nachteilig für die Robustheit definierter Datenstände ist, werden als Kompromiss die Distanzklassen 1–6 mit einer Mindestfahrtanzahl von zwei zur Berechnung des verketteten Fahrprofils verwendet. Die resultierende Kilometereinsparung ist in Abbildung 7.2 in dunkelgrau eingezeichnet (*DK1-6, min. 2*). Während die abgebildete Distanzcharakteristik 94 Prozent des Serienbetriebs beschreibt, resultiert eine Kilometerersparnis von 84 Prozent gegenüber den STS 1–4. Das entsprechende Fahrprofil beschreibt somit eine Gesamtdistanz von 460 Kilometern. Abbildung 7.3 visualisiert die resultierenden Zustandshäufigkeiten über den Stützstellen des Parameters EP_1 für das STS1 und das Fahrprofil der Optimierungsrechnung. In 460 Kilometern serienäquivalentem Betrieb reduziert sich die Anzahl an Rückmeldungen pro Stützstelle über weite Teile des Kennfelds auf unter 20 Prozent gegenüber dem STS1, womit die resultierenden Parametrierungen konkreter auf spezifische Situationen abgestimmt werden.

Um trotz der Verwendung eines verketteten Fahrprofils die Distanzcharakteristiken in vereinfachter Form zu berücksichtigen, wird das Fahrprofil synthetisch in Einzelfahrten unterteilt. Als Startladezustand wird das Arbeitspunktniveau gewählt und der Sustaining-Betrieb abgebildet. Die Umgebungstemperatur wird für das verkettete Fahrprofil als Konstante definiert. Zur Berücksichtigung der legislativen Anforderungen wird das verkettete Fahrprofil um den WLTC erweitert.

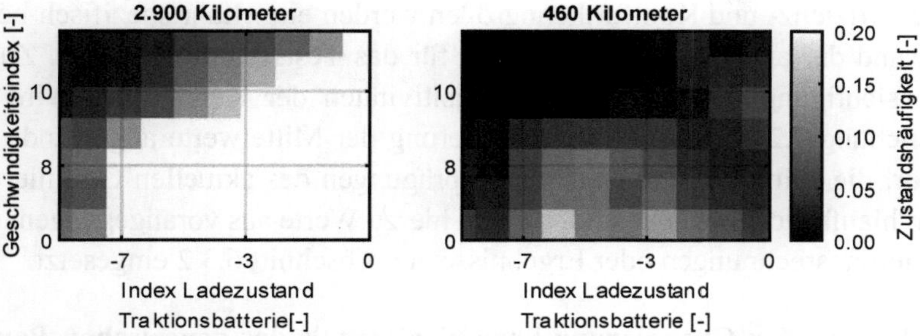

Abbildung 7.3: Zustandshäufigkeit in Abhängigkeit der Testszenariendistanz über den Stützstellen des Parameters EP_1

Zielfunktionsdefinition

Da der implementierte Optimierungsalgorithmus einkriteriell ausgeführt ist, wird das multikriterielle Optimierungsproblem in ein einkriterielles Optimierungsproblem überführt. Entsprechend wird eine einzelne Lösung und keine Menge berechnet, womit ein Übertrag der a posteriori Entscheidungsfindung unter Anwendung der MEA aus der datengetriebenen Parametrierung nicht möglich ist. Zur Transformation wird das Standardverfahren der gewichteten Summe in die Optimierungsrechnung implementiert [23]. Die Zielkenngrößen Kraftstoffverbrauch und Zustartfrequenz im serienäquivalenten Betrieb sowie der Kraftstoffverbrauch im WLTC werden hierzu nach Gleichung 7.3 a priori anhand von Gewichtungsfaktoren skaliert und zu einem skalaren Zielfunktionswert $f_{E,w}$ zusammengefasst.

$$\tilde{f}_{E,i} = \frac{f_{E,i} - f_{E,i,min}^{ref}}{f_{E,i,max}^{ref} - f_{E,i,min}^{ref}} = \frac{\frac{1}{k}\sum_{l=1}^{k} f_{E,i,l} - f_{E,i,min}^{ref}}{f_{E,i,max}^{ref} - f_{E,i,min}^{ref}} \qquad \text{Gl. 7.2}$$

$$f_{E,w} = \frac{1}{\sum_{i=1}^{m} w_i} \cdot \sum_{i=1}^{m} w_i \cdot \tilde{f}_{E,i} \qquad \text{Gl. 7.3}$$

mit: f_E = Kenngrößen, k = Anzahl Einzelfahrten, $f_{E,min}^{ref}$ = kleinster Referenzwert, $f_{E,max}^{ref}$ = größter Referenzwert, w = Gewichtungsfaktor, m = Anzahl Kenngrößen

Die Effizienz- und Komfortkenngrößen werden einzelfahrtspezifisch berechnet und der arithmetische Mittelwert für das Testszenario gebildet. Zur Berücksichtigung der variierenden Sensitivitäten der Kenngrößen wird nach Gleichung 7.2 eine Min-Max-Normierung der Mittelwerte angewandt. Da a priori die Minimal- und Maximalausprägungen des aktuellen Optimierungsdurchlaufs nicht bekannt sind, werden hierzu Werte aus vorangegangenen Optimierungsrechnungen oder Ergebnisse aus Abschnitt 6.3.2 eingesetzt.

Reduktion der Optimierungsvariablen mittels des generischen Parametrierungsansatzes

Die Parameter EP_1–EP_3 der E-Fahrtsteuerung werden insgesamt durch 196 Stützstellen beschrieben. Zur Gewährleistung eines robusten und nachvollziehbaren Systemverhaltens sind logische Parametercharakteristiken notwendig. Diese Anforderung muss bei einer automatisierten Parametrierung in der Optimierungsrechnung implementiert werden [28]. Um gegenüber einer expliziten Stützstellenoptimierung eine Reduktion der Optimierungsvariablen, der Berechnungsdauer und der notwendigen Zustandshäufigkeiten zu erreichen, wird der generische Parametrierungsansatz aus Abschnitt 4.2 eingesetzt. Im Optimierungsalgorithmus werden die Parameter G_v, G_{SoC}, Q_{EP1} und Q_{EP2} (s. Abschnitt 6.3.1) als Optimierungsvariablen definiert. Zur Sicherstellung der Hysterese zwischen EP_1 und EP_3 wird der Parameter Q_{EP3} durch einen Differenzparameter $Q_{EP3\Delta}$ abgebildet, der ein Differenzquantil zwischen Q_{EP1} und Q_{EP3} beschreibt. Der generische Parametrierungsansatz ermöglicht eine Reduktion der Anzahl an Optimierungsvariablen von 196 auf 5. Tabelle 7.1 zeigt einen Vergleich der Optimierungsvariablen zwischen der expliziten Stützstellenoptimierung und dem generischen Parametrierungsansatz.

Tabelle 7.1: Reduktion der Anzahl an Optimierungsvariablen mittels generischem Parametrierungsansatz

Parameter	Explizite Stützstellenoptimierung		Generischer Parametrierungsansatz	
	Anzahl [-]	Variable	Anzahl [-]	Variable
EP_1	96	$EP_{1,\mathcal{i},\mathcal{j}}$	3	Q_{EP1}, G_v, G_{SoC}
EP_2	4	$EP_{2,\ell}$	1	Q_{EP2}
EP_3	96	$EP_{3,\mathcal{i},\mathcal{j}}$	1	$Q_{EP3\Delta}$
Σ	**196**		**5**	

7.2 Ergebnisse im serienäquivalenten Betrieb

Anhand der implementierten Optimierungskonfiguration können innerhalb von 15 Tagen Simulationszeit 25 Partikel in 19 Iterationen getestet werden. Insgesamt werden somit 218.500 Kilometer mit variierenden Datensätzen simuliert. Abbildung 7.4 visualisiert die erreichten Zielfunktionswerte über der Anzahl an getesteten Varianten. Die Graustufenskala der Punkte beschreibt die Iterationsnummer; die eingezeichnete Linie kennzeichnet den geringsten Zielfunktionswert bis zur jeweiligen Iteration. In den Iterationen zwei, vier und fünf wird eine sukzessive Verbesserung erzielt und in Iteration neun wird der geringste Zielfunktionswerts erreicht. Insgesamt ermöglicht der generische Parametrierungsansatz bereits nach 225 getesteten Varianten die Definition einer zielgerichteten Parametrierung im serienäquivalenten Betrieb.

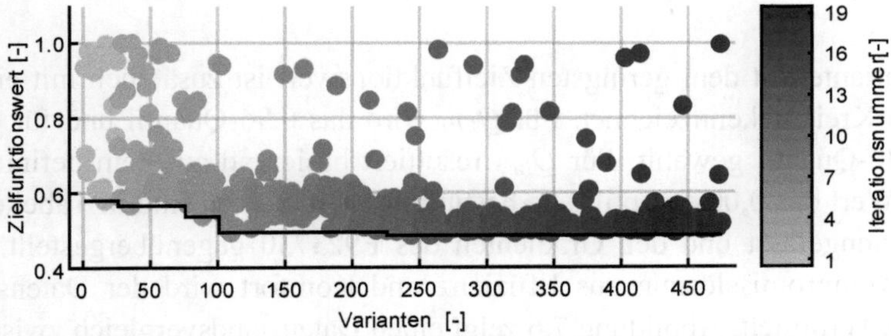

Abbildung 7.4: Zielfunktionswerte der Optimierungsrechnung in 460 Kilometern serienäquivalentem Betrieb

Die resultierenden Kenngrößen für Effizienz und Komfort sind in Abbildung 7.5 dargestellt. Die Abszisse kennzeichnet die durchschnittlichen Kraftstoffverbrauchswerte der Varianten in 460 Kilometern serienäquivalentem Betrieb. Auf der Ordinate ist die zugehörige Zustartfrequenz aufgetragen, während der Kraftstoffverbrauch im WLTC als Graustufenskala dargestellt ist. Die Werte sind jeweils auf den erreichten Maximalwert normiert. Während eine geringe Anzahl an Varianten ein hohes Kraftstoffverbrauchsniveau und hohe Zustartfrequenzen aufweisen, zeigen die weiteren Ergebnisse einen zielführenden Trend zu geringen Kraftstoffverbrauchswerten und geringeren Zustartfrequenzen. Auch die Graustufenskala zeigt vermehrt dunkle Töne, womit die Transformation des multikriteriellen Optimierungsproblems mit ausgeglichener Berücksichtigung der einzelnen Kenngrößen zweckmäßig implementiert ist.

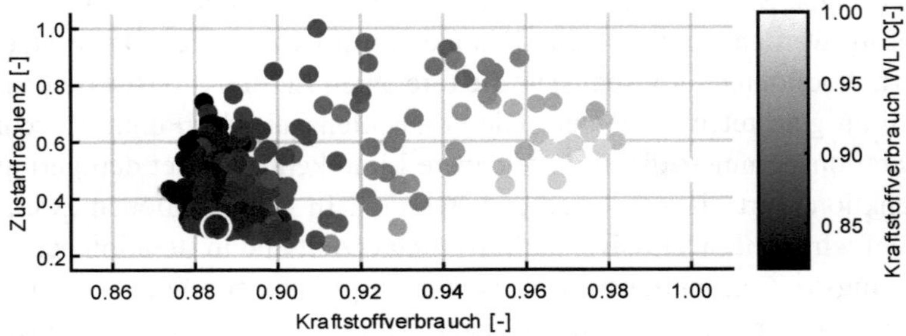

Abbildung 7.5: Kenngrößenwerte der Optimierungsrechnung in 460 Kilometern serienäquivalentem Betrieb

Die Variante mit dem geringsten Zielfunktionswert ist zusätzlich mit einem weißen Kreis gekennzeichnet. Für Q_{EP1} wird das 0,96-Quantil und für Q_{EP2} das 0,40-Quantil gewählt. Für Q_{EP3} resultiert basierend auf dem definierten $Q_{EP3\Delta}$-Wert das 0,00-Quantil. Die bestimmten Gradienten sind in Tabelle 7.2 zusammengefasst und den Gradienten des E923730 gegenübergestellt. Als beste Kompromisslösung aus Effizienz und Komfort wird der Datenstand E964000 ermittelt. Abbildung 7.6 zeigt einen Datenstandsvergleich zwischen dem in Abschnitt 6.3.2 bestimmten E923730 und dem mittels der Optimierungsrechnung bestimmten Datenstand E964000. In der ersten Zeile ist ein Ladezustandsschnitt auf Arbeitspunktniveau für die Kennfelder EP_1 und EP_3 dargestellt; die zweite Zeile zeigt die Verzögerungskennlinien EP_2.

Im Bereich I (Geschwindigkeitsindex 1–8) des EP_1-Kennfelds wird durch das höhere Basisquantil des E964000 im Vergleich zum E923730 eine stärkere Fokussierung elektrischer Antriebsphasen im Innerortsbetrieb umgesetzt. Die Wahrscheinlichkeit für ein Starten mit steigender Geschwindigkeit wird durch den Geschwindigkeitsgradienten von 25,02 Prozent pro Index gegenüber dem E923730 schneller erhöht. Durch den höheren Ladezustandsgradienten wird innerorts mit sinkendem Ladezustand eine ähnliche Regelung wie mit dem

E923730 umgesetzt, während außerorts bereits bei einer geringen Unterschreitung des Arbeitspunktniveaus der Verbrennungsmotor gestartet wird.

Tabelle 7.2: Gradientenvergleich der Kennfeldparameter EP_1 und EP_3

Datenstand	E923730	E964000
Ladezustandsgradient G_{SoC} [% / Index]	1,25	2,08
Geschwindigkeitsgradient G_v [% / Index]	7,50	25,02

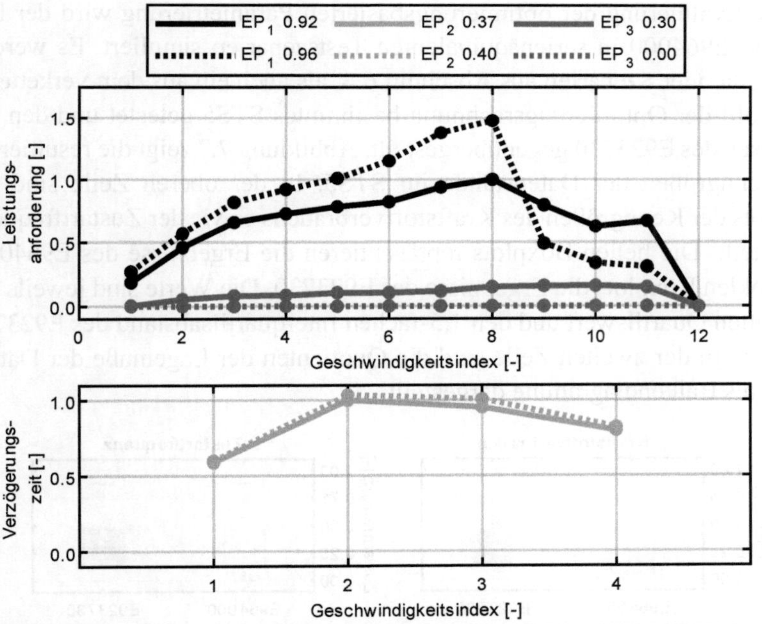

Abbildung 7.6: Vergleich der Parameter EP_1, EP_2 und EP_3 der Datenstände E923730 und E964000

Insgesamt fokussiert der E964000 eine stärkere Unterscheidung zwischen den Bereichen I und II in elektrische und hybride Fahrt. Das Ablegen unter Last wird im Optimierungsergebnis deaktiviert. Wie in Kapitel 6 aufgezeigt, resultiert bereits eine durch den Parameter EP_3 erreichte geringe Kraftstoffersparnis in höheren Zustartfrequenzen. Die EP_2-Kennlinie wird durch die Optimierung näherungsweise analog zur datengetriebenen Parametrierung definiert. Im folgenden Abschnitt wird die Evaluierung des resultierenden Systemverhaltens des Datenstands E964000 aufgezeigt.

7.3 Evaluierung im serienäquivalenten Betrieb

Für die Evaluierung der optimierungsbasierten Parametrierung wird der Datenstand E964000 in serienäquivalenten Testszenarien simuliert. Es werden sowohl die vier Szenarien aus Abschnitt 6.4, als auch ein aus dem verketteten Fahrprofil der Optimierungsrechnung bestimmtes STS5 getestet und den Ergebnissen des E923730 gegenübergestellt. Abbildung 7.7 zeigt die resultierenden Kenngrößen der Datenstände im STS5. In der oberen Zeile sind die Boxplots der Kenngrößen des Kraftstoffverbrauchs sowie der Zustartfrequenz dargestellt. Die hellen Boxplots repräsentieren die Ergebnisse des E964000, die dunklen Boxplots die Ergebnisse des E923730. Die Werte sind jeweils auf den dritten Quartilswert und den 1,5-fachen Interquartilsabstand des E923730 normiert. In der zweiten Zeile sind die Quotienten der Lagemaße der Datenstände als Balkendiagramme dargestellt.

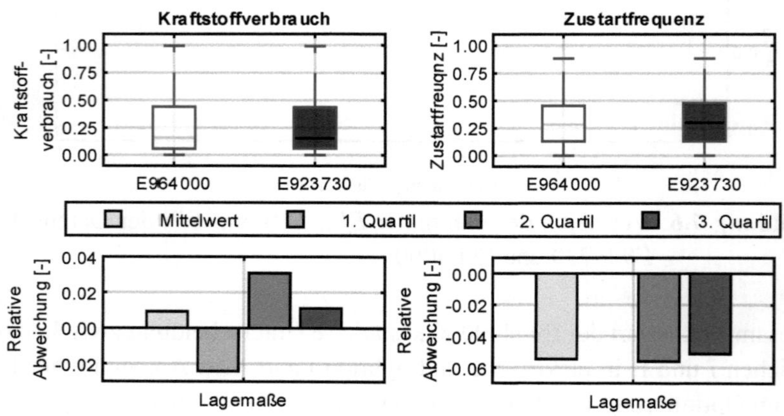

Abbildung 7.7: Vergleich der Datenstände E964000 (helle Boxplots) und E923730 (dunkle Boxplots) im serienäquivalenten Betrieb über 460 Kilometer im STS5

Die ausgeprägtere Charakteristik des E964000 für das Starten des Verbrennungsmotors, das um 2,5 Prozentpunkte erhöhte Quantil für das Abschalten in Verzögerungsphasen und das deaktivierte Abschalten in Antriebsphasen resultieren in einem durchschnittlichen Kraftstoffmehrverbrauch von 0,92 Prozent gegenüber dem E923730. Zwar weist der E964000 im Bereich I des EP_I-Kennfelds eine erhöhte Zustartschwelle auf, jedoch resultieren in Kombination mit der geringeren Zustartschwelle im Bereich II insgesamt geringere E-Fahrtzeiten und längere Laufzeiten des Verbrennungsmotors. Die höhere Leistungsschwelle für das Starten in Bereich I wirkt sich positiv auf die Effizienz von Kurzstreckenfahrten mit geringen kumulativen Kraftstoffverbrauchswerten aus. Der erste Quartilswert wird um 2,41 Prozent gesenkt, während längere Fahrten mit höheren Verbrauchswerten negativ in der Effizienz beeinflusst werden. Die Zustartfrequenz kann mit dem E964000 im Durchschnitt um 5,46 Prozent gesenkt werden. Dabei werden speziell höhere Zustartfrequenzen reduziert, während der erste Quartilswert ein konstantes Niveau aufweist.

Für die Robustheitsuntersuchung wird der auf 460 Kilometern verketteten Fahrprofil ermittelte Datenstand E964000 in den STS aus Abschnitt 6.4 mit jeweils 2.900 Kilometern serienäquivalentem Betrieb getestet und ebenfalls dem E923730 gegenübergestellt. Abbildung 7.8 visualisiert die Kenngrößen in bekannter Darstellung.

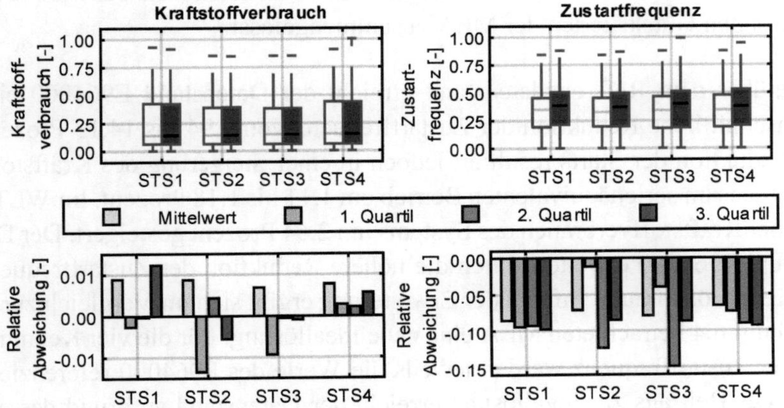

Abbildung 7.8: Vergleich der Datenstände E964000 (helle Boxplots) und E923730 (dunkle Boxplots) in vier serienäquivalenten Testszenarien über jeweils 2.900 Kilometer

Die Charakteristik eines erhöhten durchschnittlichen Kraftstoffverbrauchs mit dem Datenstand E964000 (helle Boxplots) gegenüber dem E923730 (dunkle Boxplots) ist auch in den vollständigen Testszenarien gegeben. Die Werte zeigen eine Erhöhung um 0,69 bis 0,89 Prozent. Analog den Ergebnissen in Abschnitt 6.4 resultieren die wechselnden Ausprägungen der Lagemaße aus einzelfahrtspezifischen Unterschieden, wobei die maximale Variation von 1,35 Prozent ein ähnlich robustes Systemverhalten der Datenstände beschreibt. Auch die Verringerung der Zustartfrequenz wird über die STS 1–4 mit Durchschnittswerten zwischen 6,51 und 8,55 Prozent bestätigt. Insgesamt zeigt die Robustheitsuntersuchung einen erfolgreichen Übertrag der im verketteten Fahrprofil ermittelten Ergebnisse auf serienäquivalente Testszenarien.

Multikriterielle Entscheidungsanalyse

Zur Evaluierung des E964000 wird die MEA durchgeführt. Als Datenbasis dienen die Effizienz- und Komfortkenngrößen im serienäquivalenten Betrieb der STS 1–4 sowie der Kraftstoffverbrauch im WLTC. Tabelle 7.3 fasst die jeweils neun Kenngrößen der Datenstände Referenz, E923730, E964000 und E000000 zusammen. Die Werte sind zeilenweise auf die Ausprägungen des im Fahrzeug parametrierten Referenzdatenstands normiert und beschreiben somit den relativen Unterschied des jeweiligen Datenstands. In der untersten Zeile sind die euklidischen Distanzen im 9-dimensionalen Raum sowie die resultierenden Gütekriterien der MEA zusammengefasst.

Gegenüber dem Referenzdatenstand erreicht der Datenstand E964000 eine durchschnittliche Reduktion der Zustartfrequenz von 9,94 bis 14,13 Prozent. Die Reduktion der Starts resultiert jedoch in einer Steigerung des Kraftstoffverbrauchs im serienäquivalenten Betrieb um 1,11 bis 1,18 Prozent. Im WLTC wird der Kraftstoffverbrauch des Systems um 2,64 Prozent gesteigert. Der Datenstand E964000 erweitert durch die höhere Reduktion der Zustartfrequenz den Kenngrößenraum. Infolge der Erweiterung ergibt sich im Vergleich zur in Abschnitt 6.4 betrachteten MEA eine neue Ideallösung. Für die vier Kenngrößen der Zustartfrequenz werden jeweils die Werte des E964000 referenziert. Trotz des Beitrags zur Ideallösung erreicht der Datenstand aufgrund des gestiegenen Kraftstoffverbrauchs ein Gütekriterium von 0,815 und liegt damit hinter dem Referenzdatenstand und dem E923730 zur Erreichung ausgeglichener Effizienz- und Komfortkenngrößen.

Tabelle 7.3: Kenngrößen der multikriteriellen Entscheidungsanalyse zur Evaluierung der Datenstände Referenz, E923730, E964000 und E000000

	Relative Abweichung Kraftstoffverbrauch [%]				Relative Abweichung Zustartfrequenz [%]			
	Referenz	E923730	E964000	E000000	Referenz	E923730	E964000	E000000
STS1	-	0,26	1,13	4,91	-	-3,05	-9,94	73,76
STS2	-	0,16	1,11	4,42	-	-5,77	-13,82	77,58
STS3	-	0,43	1,11	4,48	-	-6,79	-14,13	83,80
STS4	-	0,40	1,18	4,62	-	-6,90	-12,97	77,85
WLTC	-	1,13	2,64	7,42	-	-	-	-

	Referenz	E923730	E964000	E000000
d_j^+	0,031	0,028	0,064	0,324
d_j^-	0,305	0,298	0,281	0,000
Gütekriterium [-]	**0,909**	**0,914**	**0,815**	**0,000**

Auf Grundlage des vom E964000 geprägten neuen Kenngrößenraums resultieren auch für die Datenstände Referenz und E923730 neue Wertungen. Die euklidische Distanz des Referenzdatenstands im 9-dimensionalen Raum zur Ideallösung erhöht sich im Vergleich zur Tabelle 6.4 um den Faktor 2,07, während die Distanz des Datenstands E923730 um den Faktor 1,22 zunimmt. Eine erneute Evaluierung der Varianten im veränderten Kenngrößenraum ergibt für den Referenzdatenstand ein Gütekriterium von 0,909 und für den E923730 ein Gütekriterium von 0,914, womit – entgegen den Ergebnissen in Abschnitt 6.4 – der Datenstand E923730 die beste Kompromisslösung für die definierten Anforderungen repräsentiert.

Auf Basis der Abhängigkeit der idealen und anti-idealen Lösung von den betrachteten Varianten wird die Rangfolge der Gütekriterien durch das Hinzufügen oder Herausnehmen von Varianten beeinflusst. Das beobachtete Phänomen wird in der Literatur als *Rangumkehr* beschrieben [104]. Wang und Luo [106] bezeichnen die Rangumkehr als gegebene Charakteristik multikriterieller Entscheidungsanalysen, während Cracía-Cascales und Lamata [107] die

Implementierung statischer Referenzvarianten zur Definition der idealen und anti-idealen Lösungen zur Vermeidung des Phänomens vorschlagen. Eine Implementierung statischer Referenzvarianten bedarf ausführlicher Kenntnisse über die möglichen Variationen einzelner Kenngrößen im aktuellen System und ist entsprechend nicht trivial. Für die Emulation der Straßenerprobung wird zur zukünftigen Vermeidung des Phänomens die Implementierung von Varianten empfohlen, die für jeweils eines der betrachteten Kriterien möglichst optimal sind. Hierdurch kann der gesamte Kenngrößenraum in der MEA berücksichtigt werden. Beispielsweise können basierend auf den Ergebnissen einer globalen Sensitivitätsanalyse die kenngrößenspezifischen optimalen Varianten identifiziert und in die Evaluierung implementiert werden. Nachteilig hierbei ist ein steigender Simulationsaufwand.

Die optimierungsbasierte Parametrierung befindet sich im Kontext der Emulation der Straßenerprobung noch in einem frühen Entwicklungsstadium. Die vorgestellten Ergebnisse versprechen jedoch Potenzial zur Effizienzsteigerung der Betriebsstrategieparametrierung. Die Anwendung des generischen Parametrierungsansatzes reduziert die Gesamtanzahl der Optimierungsvariablen der Parameter EP_1, EP_2 und EP_3 von 196 auf 5 und stellt zugleich logische Parametercharakteristiken sicher. Bereits unter vereinfachten Bedingungen, wie der Nutzung eines verketteten Fahrprofils sowie einer Reduktion der Gesamtdistanz auf 16 Prozent gegenüber den Testszenarien 1–4, können die Ergebnistrends auf die vollständigen Testszenarien übertragen werden, womit der E964000 ein robustes Systemverhalten garantiert. Insgesamt erreicht der E964000 eine stärkere Reduktion der Zustartfrequenz als der E923730 gegenüber dem Referenzdatenstand, wobei ein Kraftstoffmehrverbrauch von 1,11 bis 1,18 Prozent im serienäquivalenten Betrieb resultiert. Der Vergleich verdeutlicht sowohl die Herausforderungen der optimierungsbasierten als auch die Leistungsfähigkeit der datengetriebenen Parametrierung. Während der Optimierungsalgorithmus eine geringere Anzahl an Systemrückmeldungen gegenüber der datengetriebenen Parametrierung erhält, besteht die Möglichkeit der simultanen Modifikation der Parameterwerte. Die datengetriebene Parametrierung hingegen kann bereits anhand der sequenziellen Modifikation der Parameter durch den Einsatz einer hohen Datenmenge sehr gute Ergebnisse erzielen. Zur weiteren Steigerung der Regelgüte kann die Datenmenge der Optimierungsrechnung erhöht und die Nachbildungsgüte des Serienbetriebs an die datengetriebene Parametrierung angeglichen werden.

8 Validierung im realen Straßenversuch

Zur Steigerung einer kundenfokussierten Betriebsstrategieentwicklung wird in Abschnitt 4.1 eine Datenstrategie zur Implementierung von Daten aus dem Serienbetrieb in den PEP aktueller Systeme vorgestellt. Serienäquivalente Testszenarien ermöglichen dabei die Emulation der Straßenerprobung in frühen Phasen des Projekts. Im Rahmen der vorgestellten Arbeit wird die entwickelte Methodik in SiL-Simulationen anhand der Parametrierung der E-Fahrtsteuerung aufgezeigt. Die in diesem Kapitel vorgestellte Validierung im realen Straßenversuch dient der Untersuchung der Übertragbarkeit der Ergebnisse aus den Simulationen auf das reale Fahrzeug.

8.1 Verbrauchsrunden

Verbrauchsrunden bieten eine effiziente Möglichkeit zur Validierung von Ergebnissen. Bei einfacher Zugänglichkeit bildet der reale Straßenversuch das Gesamtsystem und herrschende Umwelteinflüsse exakt ab, während die Variation der Umwelteinflüsse die Reproduzierbarkeit der Ergebnisse erschwert. Für möglichst repräsentative Ergebnisse sollten die getesteten Strecken auf die Charakteristiken im Serienbetrieb abgestimmt werden [12]. Zur Validierung des Datenstands E923730 werden fünf zufällig ausgewählte Verbrauchsrunden getestet. Eine Übersicht der Anzahl an gefahrenen Wiederholungen, Distanzen und durchschnittlichen RPA-Werten ist in Tabelle 8.1 aufgeführt. Die Kirchbergrunde wurde mit vier Wiederholungen pro Datenstand am häufigsten getestet. Die Strecke beschreibt eine Mischung aus Ortsdurchfahrten und Überlandbetrieb auf 12,2 Kilometern. Die einzelnen RPA-Werte variieren zwischen 0,162 und 0,190 m/s^3 und resultieren in datenstandspezifischen Mittelwerten von 0,173 und 0,176 m/s^3. Die Versuchsfahrten werden im Sustaining-Betrieb gefahren und der Endladezustand einer Vorgängerrunde entspricht dem Startladezustand einer Folgerunde. Die Startladewerte der Runden variieren dabei in Abhängigkeit des Ladezustandsfensters der Datenstände um das Arbeitspunktniveau.

T. Martini, *Emulation der Straßenerprobung zur Parametrierung und Evaluierung kausaler regelbasierter Betriebsstrategien*, Wissenschaftliche Reihe Fahrzeugtechnik Universität Stuttgart, https://doi.org/10.1007/978-3-658-52931-4_8

Tabelle 8.1: Durchgeführte Verbrauchsrunden zur Validierung der Ergebnisse der datengetriebenen Parametrierung

	Kirchberg		Versuchsgelände		Tuttlingen 1	
	E923730	Referenz	E923730	Referenz	E923730	Referenz
Wiederholungen [-]	4		2		2	
Distanz [km]	12,2		11,8		14,1	
ø-RPA [m/s³]	0,173	0,176	0,236	0,248	0,139	0,115
	Tuttlingen 2		**Tuttlingen 3**			
	E923730	Referenz	E923730	Referenz		
Wiederholungen [-]	2		2			
Distanz [km]	8,6		3,9			
ø-RPA [m/s³]	0,138	0,149	0,141	0,130		

Für einen Vergleich der gemessenen Kraftstoffwerte wird in Abhängigkeit der Anzahl an Wiederholungen mittels linearer Regression oder linearer Interpolation ein Äquivalenzfaktor pro Datenstand und Verbrauchsrunde bestimmt. Abbildung 8.1 zeigt exemplarisch die Ergebnisse der Kirchbergrunde. Die linke Spalte beschreibt den gemessenen Kraftstoffverbrauch über der Energiebilanz für den Datenstand E923730; die rechte Spalte zeigt den Zusammenhang für den Referenzdatenstand. Die Daten sind jeweilis auf den höchsten Kraftstoffverbrauchswert normiert. Die Regressionsmodelle können mit R^2-Werten von 0,983 und 0,964 das Systemverhalten gut beschreiben.

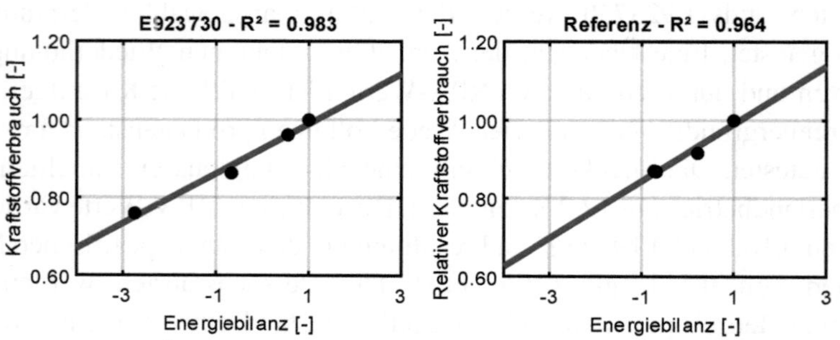

Abbildung 8.1: Äquivalenzfaktorbestimmung der Datenstände auf der Kirchbergrunde

8.2 Ergebnisse

Abbildung 8.2 visualisiert die sich ergebenden Kenngrößen mit dem Datenstand E923730 und dem Referenzdatenstand auf der Kirchbergrunde. Die Diagramme A–D visualisieren die Kenngrößen gemessener Kraftstoffverbrauch, kompensierter Kraftstoffverbrauch, Zustartfrequenz und während der Fahrt geladene elektrische Energie der Traktionsbatterie. Aufgrund von Streuungen im realen Straßenversuch werden im Folgenden die relativen Kraftstoffverbrauchswerte als Effizienzkenngröße verwendet.

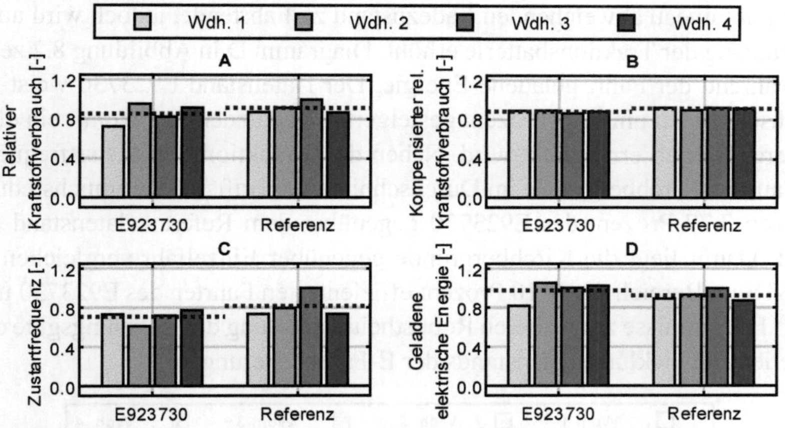

Abbildung 8.2: Ergebnisse der vier Kirchbergrunden mit dem Datenstand E923730 und dem Referenzdatenstand

Die Zustartfrequenz und die geladene Energie sind jeweils auf die Maximalwerte des Referenzdatenstands normiert, während die Kraftstoffverbrauchswerte in den Diagrammen A und B auf den gemessenen Maximalverbrauch des Referenzdatenstands aus Diagramm A normiert sind. Jeder Balken repräsentiert den Wert einer Wiederholung. Der Durchschnittswert der vier Balken ist als horizontale Linie eingezeichnet. Auf der Kirchbergrunde erreicht der E923730 über vier Wiederholungen eine Reduktion um 13,15 Prozent der durchschnittlichen Zustartfrequenz. Der Wert entspricht einer Größenordnung, die bei etwa 20 Prozent der Einzelfahrten in den STS in Kapitel 6 erreicht wird. Die kompensierten Kraftstoffverbrauchswerte des E923730 weisen im Vergleich zum Referenzdatenstand eine größere Differenz gegenüber den Messwerten auf, da der E923730 tendenziell in einer größeren Ladezustandsdifferenz resultiert. Abbildung 8.3 zeigt die Start- und Endladezustände sowie die Differenz und das arithmetische Mittel des Ladezustands über den Fahrten. Tendenziell startet und endet der E923730 mit geringeren Werten gegenüber dem Referenzdatenstand. Das Durchschnittsniveau über den Fahrten weist jedoch vergleichbare Werte auf, womit auch mit dem E923730 ein energetisch stabiler Betrieb gewährleistet wird. Durch die verstärkte Nutzung des Ladezustandsfensters steigt zwar die Wahrscheinlichkeit für einen vom Arbeitspunktniveau abweichenden Ladezustand zu Fahrtende, jedoch wird auch die Nutzung der Traktionsbatterie erhöht. Diagramm D in Abbildung 8.2 zeigt die während der Fahrt geladene Energie. Der Datenstand E923730 weist im Durchschnitt ein um 5,47 Prozent gesteigertes Nachladen auf, womit ein effizienterer Betrieb ermöglicht wird. Neben der Reduktion der Zustartfrequenz wird auf der Kirchbergrunde im Durchschnitt eine Kraftstoffverbrauchsreduktion von 3,77 Prozent des E923730 gegenüber dem Referenzdatenstand erreicht. Damit liegt die Kirchbergrunde gegenüber Einzelfahrtvergleichen in den STS im Bereich der 5–10 Prozent effizientesten Fahrten des E923730 und liefert Erkenntnisse zur weiteren Robustheitssteigerung der Regelungsgüte des aktuellen Entwicklungsdatenstands der E-Fahrtsteuerung.

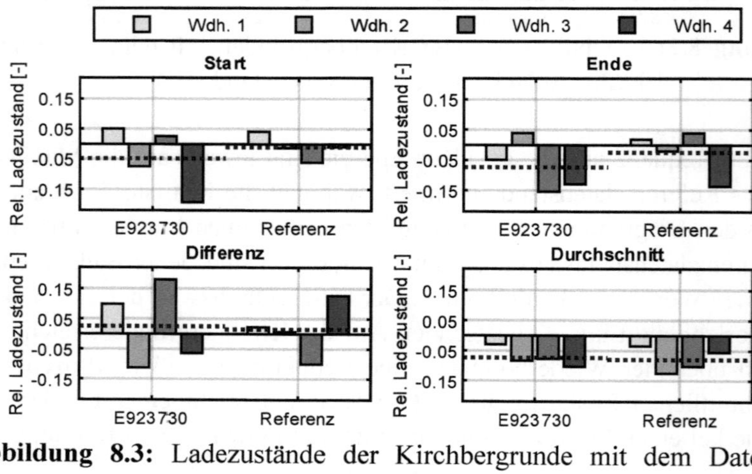

Abbildung 8.3: Ladezustände der Kirchbergrunde mit dem Datenstand E923730 und dem Referenzdatenstand

Insgesamt werden mit den Datenständen Verbrauchsrunden auf jeweils 125,6 Kilometern im realen Straßenversuch durchgeführt. Neben der präsentierten Kirchbergrunde werden vier weitere Strecken getestet. Die Wiederholungsanzahl wurde für die weiteren Runden auf zwei reduziert. Abbildung 8.4 zeigt die Ergebnisse der Einzelfahrten für den Kraftstoffverbrauch in der linken Spalte und für die Zustartfrequenz in der rechten Spalte. Die Abbildung ist nach dem bekannten Schema aufgebaut. Die obere Zeile visualisiert die Boxplots der Daten, während die Quotienten der Lagemaße in der unteren Zeile als Balkendiagramme dargestellt sind. Aufgrund der Datenbasis von zwölf Messungen sind zusätzlich zu den Boxplots die Einzelwerte als Punktdiagramme visualisiert. Die Boxplots sind auf die Maximalausprägungen des Referenzdatenstands normiert.

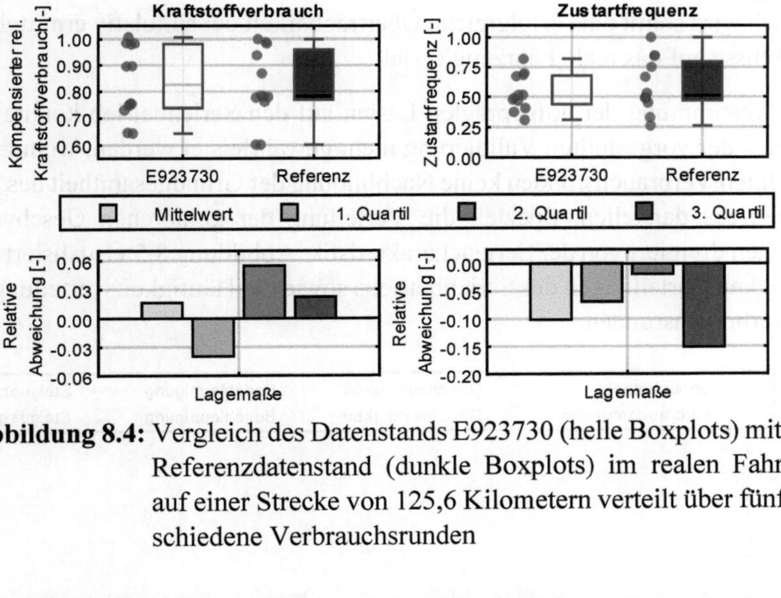

Abbildung 8.4: Vergleich des Datenstands E923730 (helle Boxplots) mit dem Referenzdatenstand (dunkle Boxplots) im realen Fahrzeug auf einer Strecke von 125,6 Kilometern verteilt über fünf verschiedene Verbrauchsrunden

Für den E923730 weisen die einzelnen Kraftstoffverbrauchswerte eine stärkere Streuung gegenüber dem Referenzdatenstand auf. Es resultieren sowohl häufiger geringere als auch höhere Verbrauchswerte. Das erste Quartil der effizientesten Fahrten des E923730 weist einen um 3,97 Prozent geringeren Schwellenwert, das dritte Quartil einen um 2,23 Prozent höheren Schwellenwert auf. Die Messungen bestätigen somit die einzelfahrspezifischen Unterschiede der Datenstände aufgrund der variierenden Strategien. Für die getesteten Verbrauchsrunden weist der Referenzdatenstand ein robusteres Systemverhalten bezüglich der Effizienz auf. Insgesamt ergeben die Daten einen um 1,63 Prozent erhöhten durchschnittlichen Kraftstoffverbrauch mit dem E923730. Für die Zustartfrequenz weist der Datenstand E923730 über alle vier Lagemaße hinweg eine Reduktion gegenüber dem Referenzdatenstand auf. Der größte Vorteil wird für hohe Zustartfrequenzen erreicht. Der Schwellenwert des dritten Quartils sinkt um 15,14 Prozent. Zudem wird eine Reduktion der Streueung zwischen den Fahrten erreicht, womit der E923730 ein robusteres Verhalten bezüglich der Zustartfrequenz aufweist. Im Durchschnitt kann die Zustartfrequenz um 10,14 Prozent gegenüber dem Referenzdatenstand gesenkt werden. Im Kontext hoher Umwelteinflüsse im realen Straßenversuch wird somit eine erfolgreiche Übertragbarkeit der simulativ ermittelten Ergebnisse auf das reale Fahrzeug erzielt.

Eine Abstimmung der aufgeprägten Lasten auf den Serienbetrieb konnte im Rahmen der vorgestellten Validierung nicht gewährleistet werden, womit die gewählten Verbrauchsrunden keine Nachbildung der Grundgesamtheit des Serienbetriebs darstellen. Speziell die Verteilung der gefahrenen Geschwindigkeiten divigiert von der Seriencharakteristik. Abbildung 8.5 visualisiert die Häufigkeitsverteilungen des Serienbetriebs sowie die Häufigkeitsverteilungen der Verbrauchsrunden.

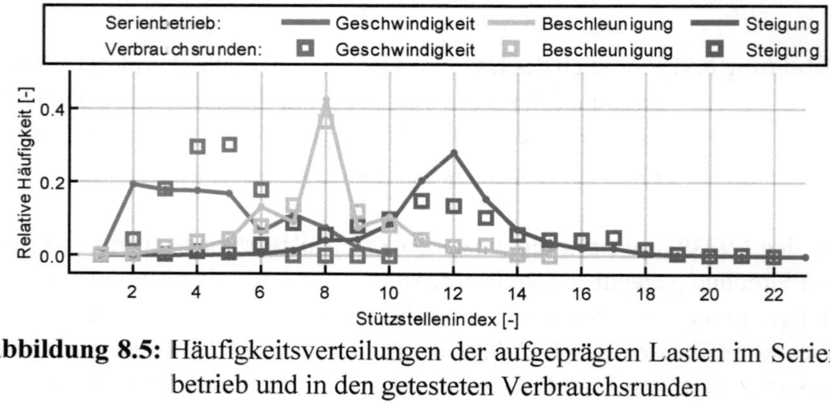

Abbildung 8.5: Häufigkeitsverteilungen der aufgeprägten Lasten im Serienbetrieb und in den getesteten Verbrauchsrunden

Die Differenzen der aufgeprägten Lasten belegen die Robustheit des Datenstands E923730 und die simulativ durchgeführte, erfolgreiche Anpassung der Betriebsstrategieparameter an den realen Straßenbetrieb. Auch bei Lasten, die von den zur Parametrierung eingesetzten Bedingungen abweichen, zeigt sich eine Reduktion der Zustartfrequenz gegenüber dem Referenzdatenstand. Die Validierung bestätigt, dass mit dem generischen Parametrierungsansatz und der datengetriebenen Parametrierung eine Fahrkomfortsteigerung gegenüber dem Niveau eines im Fahrzeug parametrierten Datenstands erreicht wird.

Für eine umfassendere Validierung der Ergebnisse sollte der E923730 als Entwicklungsdatenstand auf weitere Versuchsfahrzeuge übertragen und in der alltäglichen Straßenerprobung getestet werden. Eine intensive Erprobung ermöglicht auf Grundlage einer größeren Datenbasis weitere Aussagen zur Übertragbarkeit der Ergebnisse aus der Emulation der Straßenerprobung auf das reale Fahrzeug. Zur Sicherstellung der Serienäquivalenz der Daten können explizit relevante Messungen des Datenstands nach dem Vorbild des in Abschnitt 5.2 vorgestellten Algorithmus aus der Datenbank gefiltert und serienäquivalente Stichproben generiert werden.

9 Schlussfolgerung

Die Parametrierung der Betriebsstrategie stellt eine elementare Entwicklungstätigkeit zur Beeinflussung der Effizienz und des Fahrkomforts moderner Hybridfahrzeuge dar. Um die ressourcenintensive Zeit im Straßenversuch effizient nutzen zu können, gilt es, den Reifegrad der Betriebsstrategie bereits in frühen Phasen des Produktentwicklungsprozesses zu steigern.

In der vorliegenden Arbeit wurde eine Datenstrategie entwickelt, um Betriebsstrategiefunktionen in Software-in-the-Loop-Simulationen kundenfokussiert zu testen und an den späteren Serienbetrieb zu adaptieren. Zur Fokussierung des Kundenbetriebs wurden Daten aus Serienfahrzeugen als Referenz in die Berechnung von Testszenarien implementiert. Ein entwickelter Algorithmus ermöglicht die Filterung von Versuchsmessfahrten zur Nachbildung der Häufigkeitsverteilungen der aufgeprägten Lasten des Serienbetriebs. Zur realitätsnahen Abbildung wurden 2.900 Kilometer serienäquivalenter Betrieb in 189 Einzelfahrten unterteilt. Die entwickelte Methode erreicht dabei eine Steigerung der Nachbildungsgüte des Serienbetriebs gegenüber bekannten Ansätzen und ermöglicht die Berechnung von synthetischen Stichproben des aktuellen Entwicklungsstands. Auf Grundlage statistischer Inferenz wurde ein generischer Parametrierungsansatz entwickelt, der sowohl die Komplexität der Parametrierung reduziert als auch ein systematisches Testen des serienrelevanten Wertebereichs der Betriebsstrategieparameter ermöglicht. Der vorgestellte, datengetriebene Ansatz zur Emulation der Straßenerprobung schafft die Voraussetzungen für eine ergebnisorientierte Betriebsstrategieentwicklung und eine fundierte Entscheidungsfindung in frühen Phasen des Produktentwicklungsprozess.

Als Anwendungsbeispiel wurde die E-Fahrtsteuerung eines Plug-In-Performance-Hybridfahrzeugs parametriert. Die entwickelte Methodik ermöglichte es, innerhalb von 48 Stunden Simulationszeit den serienrelevanten Wertebereich der Parameter zu testen und resultierende Effizienz- und Komfortkenngrößen zu quantifizieren. Auf Grundlage der Daten wurden Prädiktionen für aussichtsreiche Wertebereiche berechnet, sodass innerhalb von weiteren 32 Stunden Simulationszeit eine Steigerung des Komforts um bis zu 6,90 Prozent

T. Martini, *Emulation der Straßenerprobung zur Parametrierung und Evaluierung kausaler regelbasierter Betriebsstrategien*, Wissenschaftliche Reihe Fahrzeugtechnik Universität Stuttgart, https://doi.org/10.1007/978-3-658-52931-4_9

bei näherungsweise konstantem Kraftstoffverbrauch (Differenz < 0,5 %) im serienäquivalenten Betrieb erreicht wurde. Stichprobenartig durchgeführte Verbrauchsrunden konnten den Komfortgewinn des erzeugten Datenstands mit 10,14 Prozent bestätigen, während die Kraftstoffverbrauchswerte eine Steigerung um 1,63 Prozent aufzeigten. Um die Ergebnisgüte und den Automatisierungsgrad weiter zu steigern, wurde eine optimierungsbasierte Parametrierung im serienäquivalenten Betrieb untersucht. Der generische Parametrierungsansatz ermöglichte für 196 Parameterwerte eine Reduktion der Optimierungsvariablen auf 5 und somit eine Effizienzsteigerung der Optimierungsrechnung. Unter Vereinfachungen des serienäquivalenten Betriebs wurde ein Vergleich zwischen umfangreicher Datennutzung und metaheuristischem Optimierungsverfahren durchgeführt. Auf Grundlage der Vereinfachungen wurde eine weitere Komfortsteigerung erreicht, jedoch resultierte auch ein erhöhter Kraftstoffverbrauch. Dennoch zeigte sich ein hohes Potential zur effizienten Berechnung von kundenfokussierten Parametrierungen.

Insgesamt ermöglichte die Emulation der Straßenerprobung unter der Verwendung von Software-in-the-Loop-Simulationen die Parametrierung eines Datenstands, der im realen Straßenversuch das Komfortniveau eines im Fahrzeug parametrierten Entwicklungsstands übersteigt. Es wurde erfolgreich eine simulative Anpassung von Betriebsstrategieparametern an den realen Straßenbetrieb durchgeführt. Die vorgestellte Methodik ermöglicht somit eine Verlagerung von Entwicklungsaktivitäten in frühere Phasen des Produktentwicklungsprozesses und unterstützt eine kontinuierliche Steigerung des Softwarereifegrads. Es werden die Voraussetzungen für eine zielgerichtete Nutzung der Straßenerprobung zur finalen Parametrierung und der Erprobung von Extremsituationen geschaffen.

Zur weiteren Steigerung der Parametrierungsgüte unter der Verwendung von Optimierungsrechnungen sollte die Abbildungsgüte des Serienbetriebs an die datengetriebene Parametrierung angeglichen werden. Zur Berechnung der serienäquivalenten Ersatzfahrprofile auf der Grundlage realer Straßenmessungen wurde ein Ansatz basierend auf Micro-Trips gewählt. Die einhergehende Bedingung, dass Fahrten im Stillstand beginnen und enden müssen, reduzierte die verfügbare Datenbasis von 9.920.000 auf 1.345.000 Kilometer. Zur weiteren Steigerung der Nachbildungsgüte sollten unterbrochene Messungen der Datenbasis aufbereitet und für die Stimuliberechnung implementiert werden.

Um auch die Dynamik von Einzelfahrten basierend auf Seriendaten zu bestimmen, ist die Implementierung eines Dynamik-Distanz-Belastungskollektivs im Seriensteuergerät empfehlenswert. Hierdurch kann die synthetisch getroffene Annahme einer Gleichverteilung durch Kundendaten substituiert werden. Um reproduzierbare Daten zur Untersuchung der Übertragbarkeit von Ergebnissen aus der Simulation auf das reale System zu generieren, sollte der Umfang der Testszenarien für den Einsatz auf Prüfständen untersucht und an die Gegebenheiten angepasst werden.

Literaturverzeichnis

[1] JAGER, Bram de ; VAN KEULEN, Thijs ; KESSELS, John: *Optimal Control of Hybrid Vehicles*. London : Springer London, 2013

[2] GATZERT, Nadine ; KNORRE, Susanne ; MÜLLER-PETERS, Horst ; WAGNER, Fred ; JOST, Theresa: *Big Data in der Mobilität*. Wiesbaden : Springer Fachmedien Wiesbaden, 2023

[3] *Energieverbrauch weltweit | Statista*. URL https://de.statista.com/statistik/studie/id/6691/dokument/energieverbrauch-weltweit/ – Überprüfungsdatum 2025-02-09

[4] GUZZELLA, Lino ; SCIARRETTA, Antonio: *Vehicle Propulsion Systems*. Berlin, Heidelberg : Springer Berlin Heidelberg, 2013

[5] HOFMANN, Peter: *Hybridfahrzeuge*. Vienna : Springer Vienna, 2014

[6] ONORI, Simona ; SERRAO, Lorenzo ; RIZZONI, Giorgio: *Hybrid Electric Vehicles*. London : Springer London, 2016

[7] ALBERS, Albert ; DUESER, Tobias ; OTT, Sascha: *X-in-the-loop als integrierte Entwicklungsumgebung von komplexen Antriebsystemen*. In: *8. Tagung Hardware-in-the-loop-Simulation, 16./17. September 2008, Kassel, Germany* (2008)

[8] DUDIN, N. ; OTT, S. ; ALBERS, A. ; MISCH, R. ; ROCHLITZER, T. ; KLUMPP, P.: Validierung und Kalibrierung von Fahrzeugbetriebsstrategien auf Basis des IPEK-XiL-Ansatzes. In: LIEBL, Johannes; BEIDL, Christian (Hrsg.): *Simulation und Test 2017*. Wiesbaden : Springer Fachmedien Wiesbaden, 2018, S. 28–45

[9] SCHÄUFFELE, Jörg ; ZURAWKA, Thomas: *Automotive Software Engineering*. Wiesbaden : Springer Fachmedien Wiesbaden, 2024

[10] HAKEN, Karl-Ludwig: *Grundlagen der Kraftfahrzeugtechnik*. München : Carl Hanser Verlag GmbH & Co. KG, 2015

T. Martini, *Emulation der Straßenerprobung zur Parametrierung und Evaluierung kausaler regelbasierter Betriebsstrategien*, Wissenschaftliche Reihe Fahrzeugtechnik Universität Stuttgart, https://doi.org/10.1007/978-3-658-52931-4

[11] GÖRKE, Daniel: *Untersuchungen zur kraftstoffoptimalen Betriebsweise von Parallelhybridfahrzeugen und darauf basierende Auslegung regelbasierter Betriebsstrategien.* Universität Stuttgart. Dissertation. 2015

[12] LIEBL, Johannes ; LEDERER, Matthias ; ROHDE-BRANDENBURGER, Klaus ; BIERMANN, Jan-Welm ; ROTH, Martin ; SCHÄFER, Heinz: *Energiemanagement im Kraftfahrzeug.* Wiesbaden : Springer Fachmedien Wiesbaden, 2014

[13] KLEMENT, Werner: *Hybridfahrzeuge.* München : Carl Hanser Verlag GmbH & Co. KG, 2017

[14] REIF, Konrad ; NOREIKAT, Karl-Ernst ; BORGEEST, Kai: *Kraftfahrzeug-Hybridantriebe.* Wiesbaden : Vieweg+Teubner Verlag, 2012

[15] BALAZS, Andreas: *Optimierte Auslegung von Hybridantriebsträngen unter realen Fahrbedingungen.* Technische Hochschule Aachen. Dissertation. 2015

[16] FÖRSTER, Daniel: *Systemauslegung autarker Hybridantriebe unter Berücksichtigung kundenspezifischer Randbedingungen.* Karlsruher Institut für Technologie (KIT). Dissertation. 2024

[17] WEIß, Frederik: *Optimale Konzeptauslegung elektrifizierter Fahrzeugantriebsstränge.* Technische Universität Chemnitz. Dissertation. 2017

[18] HAAG, Andreas: *Konzepte für effiziente hybride Triebstränge.* Universität Stuttgart. Dissertation. 2017

[19] SUN, Xiaodong ; DONG, Ziyin ; CAI, Yingfeng ; JIN, Zhijia ; LEI, Gang ; TIAN, Xiang: *A comprehensive review of design optimization methods for hybrid electric vehicles.* In: *Renewable and Sustainable Energy Reviews* 217 (2025), S. 115765

[20] SIMONA ONORI ; LORENZO SERRAO: *On Adaptive-ECMS Strategies for Hybrid Electric Vehicles.* In: *Les Rencontres Scientifiques d'IFP Energies* (2011), S. 1–7

[21] LIU, Teng ; TAN, Wenhao ; TANG, Xiaolin ; ZHANG, Jinwei ; XING, Yang ; CAO, Dongpu: *Driving conditions-driven energy management strategies for hybrid electric vehicles: A review*. In: *Renewable and Sustainable Energy Reviews* 151 (2021), S. 111521

[22] CHENGZHAO YANG ; CHANGCHENG ZHOU: *An Energy Management Strategy of Hybrid Electric Vehicles based on Deep Reinforcement Learning*. In: *International Journal of Engineering and Advanced Research Technology (IJEART)* 5 (2019), Nr. 12, S. 1–4

[23] HOLLSTEIN, Ralf: *Optimierungsmethoden*. Wiesbaden : Springer Fachmedien Wiesbaden, 2023

[24] LIEẞNER, Roman: *Deep Reinforcement Learning als Basis für das Hybridfahrzeug-Energiemanagement*. Technische Universität Dresden. Dissertation. 2020

[25] BÖHME, Thomas J. ; FRANK, Benjamin: *Hybrid Systems, Optimal Control and Hybrid Vehicles : Theory, Methods and Applications*. Cham : Springer International Publishing, 2017

[26] PIEPER, Martin: *Mathematische Optimierung*. Wiesbaden : Springer Fachmedien Wiesbaden, 2017

[27] BRANKE, Jürgen: Consideration of Partial User Preferences in Evolutionary Multiobjective Optimization, Bd. 5252. In: BRANKE, Jürgen; DEB, Kalyanmoy; MIETTINEN, Kaisa; SŁOWIŃSKI, Roman (Hrsg.): *Multiobjective Optimization*. Berlin, Heidelberg : Springer Berlin Heidelberg, 2008 (Lecture Notes in Computer Science), S. 157–178

[28] GOOS, Jan-Christoph: *Simultane Optimierung von Steuerkennfeldern und -kennlinien in der Antriebsstrangentwicklung*. Karlsruher Institut für Technologie (KIT). Dissertation. 2024

[29] MYERS, Glenford J.: *Methodisches Testen von Programmen*. 4. Aufl., unveränd. Nachdr. der 3. Aufl. München, Wien : Oldenbourg, 1991

[30] WOLF, Fabian: *Fahrzeuginformatik*. Wiesbaden : Springer Fachmedien Wiesbaden, 2018

[31] WITTE, Frank: *Testmanagement und Softwaretest*. Wiesbaden : Springer Fachmedien Wiesbaden, 2019

[32] HALSTENBERG, Jürgen ; PFITZINGER, Bernd ; JESTÄDT, Thomas: *DevOps : Ein Überblick*. Wiesbaden : Springer Fachmedien Wiesbaden, 2020

[33] JAMES BACH: *Exploratory Testing Explained* (2003). URL https://satisfice.us/articles/et-article.pdf

[34] FAGCANG, Haesul ; STOBART, Richard ; STEFFEN, Thomas: *A review of component-in-the-loop: Cyber-physical experiments for rapid system development and integration*. In: *Advances in Mechanical Engineering* 14 (2022), Nr. 8

[35] DUESER, Tobias: *X-in-the-Loop – ein durchgängiges Validierungsframework für die Fahrzeugentwicklung am Beispiel von Antriebsstrangfunktionen und Fahrerassistenzsystemen*. Karlsruher Institut für Technologie. Dissertation. 2010

[36] SCHMIDT, Henrik ; BÜTTNER, Kay ; PROKOP, Günther: *Methods for Virtual Validation of Automotive Powertrain Systems in Terms of Vehicle Drivability—A Systematic Literature Review*. In: *IEEE Access* 11 (2023), S. 27043–27065

[37] EßER, Arved: *Realfahrtbasierte Bewertung des ökologischen Potentials von Fahrzeugantriebskonzepten*. Universität Darmstadt. Dissertation. 2021

[38] ANDRÉ, Michel: *The ARTEMIS European driving cycles for measuring car pollutant emissions*. In: *Science of the Total Environment* 334-335 (2004), S. 73–84

[39] GIAKOUMIS, Evangelos G.: *Driving and Engine Cycles*. Cham : Springer International Publishing, 2017

[40] PFRIEM, Matthias: *Analyse der Realnutzung von Elektrofahrzeugen in kommerziellen Flotten zur Definition einer bedarfsgerechten Fahrzeugauslegung*. Karlsruher Institut für Technologie (KIT). Dissertation. 2015

[41] TEWIELE, Sarah: *Generierung von repräsentativen Fahr- und Lastzyklen aus realen Fahrdaten batterieelektrischer Fahrzeuge*. Universität Duisburg-Essen. 2020

[42] FÖRSTER, Daniel ; INDERKA, Robert B. ; GAUTERIN, Frank: *Data-Driven Identification of Characteristic Real-Driving Cycles Based on k-Means Clustering and Mixed-Integer Optimization*. In: *IEEE Transactions on Vehicular Technology* 69 (2020), Nr. 3, S. 2398–2410

[43] AUSTIN, T. C. ; DIGENOVA, F. J. ; CARLSON, T. R. ; JOY, R. W. ; GIANOLINI, K. A.: *Characterization of driving patterns and emissions from light-duty vehicles in California. Final report*. 1993

[44] SHI, Shuming ; LIN, Nan ; ZHANG, Yan ; CHENG, Jingmin ; HUANG, Chaosheng ; LIU, Li ; LU, Bingwu: *Research on Markov property analysis of driving cycles and its application*. In: *Transportation Research Part D: Transport and Environment* 47 (2016), S. 171–181

[45] IMKAMP, Thorsten (Hrsg.); PROß, Sabrina (Hrsg.): *Einstieg in stochastische Prozesse* : *Grundlagen und Anwendungen mit vielen Übungen, Lösungen und Videos*. Berlin, Heidelberg : Springer Spektrum, 2023

[46] WALDMANN, Karl-Heinz ; STOCKER, Ulrike M.: *Stochastische Modelle*. Berlin, Heidelberg : Springer Berlin Heidelberg, 2004

[47] BAS, Esra: *Einführung in Wahrscheinlichkeitsrechnung, Statistik und Stochastische Prozesse*. Wiesbaden : Springer Fachmedien Wiesbaden, 2020

[48] LIESSNER, Roman ; DIETERMANN, Ansgar ; BÄKER, Bernard ; LÜPKES, Klaus: *Generation of Replacement Vehicle Speed Cycles Based on Extensive Customer Data by Means of Markov Models and Threshold Accepting*. In: *SAE International Journal of Alternative Powertrains* 6 (2017), Nr. 1, S. 165–173

[49] HUNG, W. T. ; TONG, H. Y. ; LEE, C. P. ; HA, K. ; PAO, L. Y.: *Development of a practical driving cycle construction methodology: A case study in Hong Kong*. In: *Transportation Research Part D: Transport and Environment* 12 (2007), Nr. 2, S. 115–128

[50] WANG, Zhenpo ; ZHANG, Jin ; LIU, Peng ; QU, Changhui ; LI, Xiaoyu: *Driving Cycle Construction for Electric Vehicles Based on Markov Chain and Monte Carlo Method: A Case Study in Beijing*. In: *Energy Procedia* 158 (2019), S. 2494–2499

[51] PERHINSCHI, Mario G. ; MARLOWE, Christopher ; TAMAYO, Sergio ; TU, Jun ; WAYNE, W. Scott: *Evolutionary algorithm for vehicle driving cycle generation*. In: *Journal of the Air & Waste Management Association (1995)* 61 (2011), Nr. 9, S. 923–931

[52] MAYER, André: *Analyse gesamtsystemischer Zusammenhänge von hybriden Antriebsstrangkonzepten bezüglich kundenrelevanter Anforderungen*. Universität Siegen. Dissertation. 2020

[53] DAI, Zhen ; NIEMEIER, Deb ; EISINGER, Douglas: *Driving cycles: a new cycle-building method that better represents real-world emissions*. In: *Department of Civil and Environmental Engineering, University of California, Davis* 570 (2008)

[54] CARLSON, T. R. ; AUSTIN, T. C. ; MCCLEMENT, D. ; YOON, S. H.: *Development of generic link-level driving cycles*. In: *Sierra Research Inc., draft report prepared for the US Environmental Protection Agency* (2009)

[55] BERGMEIR, Philipp: *Enhanced Machine Learning and Data Mining Methods for Analysing Large Hybrid Electric Vehicle Fleets based on Load Spectrum Data*. Universität Stuttgart. Dissertation. 2017

[56] FVA 131 IV. 2010. *Zählverfahren zur Bildung von Kollektiven und Matrizen aus Zeitfunktionen*

[57] KÖHLER, Michael ; JENNE, Sven ; PÖTTER, Kurt ; ZENNER, Harald: *Zählverfahren und Lastannahme in der Betriebsfestigkeit*. Berlin, Heidelberg : Springer Berlin Heidelberg, 2012

[58] KÖHLER, Michael: *Zählverfahren und Lastannahme in der Betriebsfestigkeit*. Dordrecht : Springer, 2012

[59] PÖTTER, Kurt ; TILL, Reinhold ; HORST, Markus: *Kundenrelevante Betriebslasten**. In: *Materials Testing* 53 (2011), 7-8, S. 432–436

[60] EBEL, André: *Generierung von Prüfzyklen aus Flottendaten mittels bestärkenden Lernens*. Universität Stuttgart. Dissertation. 2024

[61] MIETH, Raphael; GAUTERIN, F. (Mitarb.); STEPHAN, A. (Mitarb.) : *Kundenbedarfsgerechte Auslegung elektrischer Pkw-Antriebssysteme zur Steigerung der Energieeffizienz* : KIT Scientific Publishing, 2025

[62] SIVERTSSON, Martin: *Adaptive Control Using Map-Based ECMS for a PHEV*. In: *IFAC Proceedings Volumes* 45 (2012), Nr. 30, S. 357–362

[63] SAUERMANN, Ralf: *Optimierung der Betriebsstrategieparameter von Hybridfahrzeugen*. Universität Siegen. Dissertation. 2025

[64] WU, Guohua ; MALLIPEDDI, Rammohan ; SUGANTHAN, Ponnuthurai Nagaratnam: *Ensemble strategies for population-based optimization algorithms – A survey*. In: *Swarm and Evolutionary Computation* 44 (2019), S. 695–711

[65] KENNEDY, J. ; EBERHART, R.: Particle swarm optimization. In: *Proceedings of ICNN'95 - International Conference on Neural Networks* : IEEE, 1995, S. 1942–1948

[66] MIRANDA, V.: Evolutionary Algorithms with Particle Swarm Movements. In: *Proceedings of the 13th International Conference on, Intelligent Systems Application to Power Systems* : IEEE, 2005, S. 6–21

[67] SITTIG, Andy: *Optimierung und Applikation von Betriebsstrategien in Hybridfahrzeugen*. Technische Universität München. Dissertation. 2013

[68] LIU, Ang ; WANG, Yuchen ; WANG, Xingzhi: *Data-Driven Engineering Design*. Cham : Springer International Publishing, 2022

[69] KOSFELD, Reinhold ; ECKEY, Hans-Friedrich ; TÜRCK, Matthias: *Wahrscheinlichkeitsrechnung und Induktive Statistik*. Wiesbaden : Springer Fachmedien Wiesbaden, 2019

[70] ECKSTEIN, Peter P.: *Repetitorium Statistik*. Wiesbaden : Springer Fachmedien Wiesbaden, 2014

[71] WEBER, Marcus ; HELD, Stefan: *Datengetriebene Entwicklung in der Automobilindustrie*. In: *ATZelektronik* 18 (2023), Nr. 10, S. 48–51

[72] RASHEDI, Jonas: *Das datengetriebene Unternehmen*. Wiesbaden : Springer Fachmedien Wiesbaden, 2022

[73] PLAUE, Matthias: *Data Science*. Berlin, Heidelberg : Springer Berlin Heidelberg, 2021

[74] FAHRMEIR, Ludwig ; HEUMANN, Christian ; KÜNSTLER, Rita ; PIGEOT, Iris ; TUTZ, Gerhard: *Statistik*. Berlin, Heidelberg : Springer Berlin Heidelberg, 2023

[75] HYNDMAN, Rob J. ; FAN, Yanan: *Sample Quantiles in Statistical Packages*. In: *The American Statistician* 50 (1996), Nr. 4, S. 361–365

[76] STEYER, Ralph: *Programmierung in Python : Ein kompakter Einstieg für die Praxis*. Wiesbaden, Heidelberg : Springer Vieweg, 2018

[77] LAHRES, Bernhard ; RAÝMAN, Gregor: *Objektorientierte Programmierung : Das umfassende Handbuch*. 2., aktualisierte und erw. Aufl. Bonn : Galileo Press, 2009 (Galileo computing)

[78] ABTHOFF, Tobias: *Big-Data-Technologien in der Fahrzeugentwicklung*. In: *ATZelektronik* 11 (2016), Nr. 5, S. 44–51

[79] DEMIRBAGA, Ümit ; AUJLA, Gagangeet Singh ; JINDAL, Anish ; KALYON, Oğuzhan: *Big Data Analytics : Theory, Techniques, Platforms, and Applications*. 1st ed. 2024. Cham : Springer Nature Switzerland; Imprint Springer, 2024

[80] YUAN, Chunhui ; YANG, Haitao: *Research on K-Value Selection Method of K-Means Clustering Algorithm*. In: *J* 2 (2019), Nr. 2, S. 226–235

[81] SCIKIT-LEARN: *KMeans*. URL https://scikit-learn.org/stable/modules/generated/sklearn.cluster.KMeans. – Aktualisierungsdatum: 2024-06-14 – Überprüfungsdatum 2024-06-14

[82] SCHINTLER, Laurie A. ; MCNEELY, Connie L.: *Encyclopedia of Big Data*. Cham : Springer International Publishing, 2022

[83] IAN GOODFELLOW ; YOSHUA BENGIO ; AARON COURVILLE: *Deep Learning* : MIT Press, 2016

[84] COVER, Thomas M. ; THOMAS, Joy A.: *Elements of Information Theory* : Wiley, 2005

[85] LOGOFĂTU, Doina: *Grundlegende Algorithmen mit Java*. Wiesbaden : Springer Fachmedien Wiesbaden, 2014

[86] MARTINI, Tim ; KEMPF, André ; AUERBACH, Michael ; KULZER, André Casal: A Method and a Set of Tools for In-Service Operation Emulation. In: ÖCHSNER, Andreas (Hrsg.): *Collaborative Research Advancing Engineering Solutions for Real-World Challenges 2*. Cham : Springer Nature Switzerland, 2025, S. 50–59

[87] MIETH, Raphael ; MARKSCHIES, Fabian ; ZHOU, Ruixin ; GAUTERIN, Frank ; STEPHAN, Arnd: *Enhanced Derivation of Customer-Specific Drive System Design Parameters with Time Frame-Based Maximum Load Analysis*. In: *Vehicles* 5 (2023), Nr. 1, S. 306–320

[88] SMITH, Noah ; TROMBLE, Roy: *Sampling Uniformly from the Unit Simplex*. August 2004

[89] SIEBERTZ, Karl ; VAN BEBBER, David ; HOCHKIRCHEN, Thomas: *Statistische Versuchsplanung*. Berlin, Heidelberg : Springer Berlin Heidelberg, 2017

[90] *Sobol — SciPy v1.16.1 Manual*. URL https://docs.scipy.org/doc/scipy/reference/generated/scipy.stats.qmc.Sobol.html. – Aktualisierungsdatum: 2025-07-27 – Überprüfungsdatum 2025-08-06

[91] *Halton — SciPy v1.16.1 Manual*. URL https://docs.scipy.org/doc/scipy/reference/generated/scipy.stats.qmc.Halton.html#scipy.stats.qmc.Halton. – Aktualisierungsdatum: 2025-07-27 – Überprüfungsdatum 2025-08-06

[92] ZHOU, Yong-Dao ; FANG, Kai-Tai ; NING, Jian-Hui: *Mixture discrepancy for quasi-random point sets*. In: *Journal of Complexity* 29 (2013), 3-4, S. 283–301

[93] SANTNER, Thomas J. ; WILLIAMS, Brian J. ; NOTZ, William I.: *The Design and Analysis of Computer Experiments*. New York, NY : Springer New York, 2018

[94] *scale — SciPy v1.16.1 Manual*. URL https://docs.scipy.org/doc/scipy/reference/generated/scipy.stats.qmc.scale.html. – Aktualisierungsdatum: 2025-07-27 – Überprüfungsdatum 2025-08-06

[95] WEICKER, Karsten: *Evolutionäre Algorithmen*. 3., überarbeitete und erweiterte Auflage. Wiesbaden : Springer Vieweg, 2015 (Lehrbuch)

[96] KLENKE, Achim: *Wahrscheinlichkeitstheorie*. Berlin, Heidelberg : Springer Berlin Heidelberg, 2013

[97] SAUERMANN, Ralf ; BOJA, Dankmar ; KIRSCHBAUM, Frank ; NELLES, Oliver: *Particle Swarm Optimization for Automotive Model-Based Calibration*. In: *6th IFAC Symposium Advances in Automotive Contro* (2010)

[98] SAUERMANN, Ralf ; KIRSCHBAUM, Frank ; NELLES, Oliver: *Optimization of Fuel Consumption for Rule-Based Energy Management Strategies of Hybrid Electric Vehicles: SOC Compensation Methods*. In: *IEEE Access* 12 (2024), S. 112594–112604

[99] *EUR-Lex - 02017R1151-20200125*. Europäische Kommission, 2017

[100] UN Regulation UNR154. 2021-08-18. *E/ECE/TRANS/505/Rev.3/Add.153/Rev.1*

[101] SCHIEFER, Hartmut ; SCHIEFER, Felix: *Statistik für Ingenieure*. Wiesbaden : Springer Fachmedien Wiesbaden, 2018

[102] O'KEEFE, Michael Patrick ; MARKEL, Tony: *Dynamic Programming Applied to Investigate Energy Management Strategies for a Plug-In HEV*. In: *22nd International Battery, Hybrid and Fuel Cell Electric Vehicle Symposium and Exhibition (EVS-22)* (2006)

[103] HEINRICH, Berthold ; SCHNEIDER, Wolfgang: *Grundlagen Regelungstechnik*. Wiesbaden : Springer Fachmedien Wiesbaden, 2019

[104] PAPATHANASIOU, Jason ; PLOSKAS, Nikolaos: *Multiple Criteria Decision Aid*. Cham : Springer International Publishing, 2018 (136)

[105] SCHEUERLE, Daniel ; GOOS, Jan-Christoph ; KLEIN, Philipp ; CHRISOFAKIS, Emmanuel: *Parameter Optimization with Software-in-*

the-Loop. In: *AVL 10th International Symposium on Development Methodology* (2023)

[106] WANG, Ying-Ming ; LUO, Ying: *On rank reversal in decision analysis*. In: *Mathematical and Computer Modelling* 49 (2009), 5-6, S. 1221–1229

[107] GARCÍA-CASCALES, M. Socorro ; LAMATA, M. Teresa: *On rank reversal and TOPSIS method*. In: *Mathematical and Computer Modelling* 56 (2012), 5-6, S. 123–132

Anhang

A1. Parametrierte Datenstände

Tabelle A1.1: Übersicht der Datenstände

Datenstand	Beschreibung	Basisquantil		
		EP_1	EP_2	EP_3
E000000	Basisdatenstand	0,000	0,000	0,000
E923730	Ergebnis datengetriebene Parametrierung	0,925	0,375	0,300
E964000	Ergebnis optimierungsbasierte Parametrierung	0,960	0,400	0,000

A2. Globale Sensitivitätsanalyse EP_2

Abbildung A2.1 visualisiert die Ergebnisse der globalen Sensitivitätsanalyse der Gesamtiteration 2 für Parameter EP_2 aus Abschnitt 6.3.2. Die Kenngrößen sind analog der ersten Sub-Iteration aufbereitet. Durch eine längere Verzögerungszeit wird der Verbrennungsmotor seltener ausgeschaltet. Der Einfluss der Verzögerungszeiten erhöht sich mit der Dauer der Laufzeit des Verbrennungsmotors. Während für das erste Quartil die Laufzeit über die Varianten um 11,87 Prozent steigt, erhöht sich der Wert des dritten Quartils um 19,73 Prozent. Die E-Fahrtphasen werden über den Quartilen zwischen 15,10 und 27,23 Prozent reduziert. Eine Reduktion des E-Fahrtanteils führt auch zu einer Reduktion der Nutzung der Traktionsbatterie, womit mit steigender Verzögerungszeit tendenziell weniger Energie während der Fahrt geladen wird. Gegenläufig zu den Abweichungen des Endladezustands durch mehr E-Fahrtanteile, wird die Arbeitspunkttreue durch eine längere Laufzeit des Verbrennungsmotors über den Varianten verstärkt. Mit der 0,90-Quantilskennlinie enden 50 Prozent der Fahrten mit einem Endladezustand zwischen -0.26 und 0,05.

T. Martini, *Emulation der Straßenerprobung zur Parametrierung und Evaluierung kausaler regelbasierter Betriebsstrategien*, Wissenschaftliche Reihe Fahrzeugtechnik Universität Stuttgart, https://doi.org/10.1007/978-3-658-52931-4

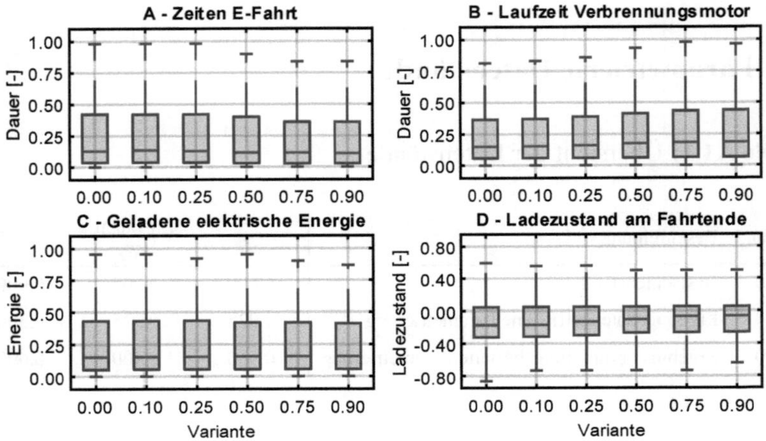

Abbildung A2.1: Variantenspezifische Verteilungen der Effekte zur Beeinflussung des Kraftstoffverbrauchs und der Zustartfrequenz bei steigender Verzögerungszeit für das Abschalten des Verbrennungsmotors in Verzögerungsphasen

A3. Globale Sensitivitätsanalyse EP_3

Abbildung A3.1 visualisiert die Ergebnisse der globalen Sensitivitätsanalyse der Gesamtiteration 2 für Parameter EP_3 aus Abschnitt 6.3.2. Die Kenngrößen sind analog der ersten Sub-Iteration aufbereitet. Das Ablegen des Verbrennungsmotors während Antriebsphasen steigert die E-Fahrtzeiten über die Varianten und Quartile zwischen 7,55 und 12,63 Prozent. Die Laufzeiten des Verbrennungsmotors im ersten Quartil werden nicht beeinflusst, während mit der 0,75-Quantilsvariante im zweiten Quartil eine Reduktion von 6,78 und im dritten Quartil von 4,70 Prozent gegenüber dem E902500 erreicht wird. Die während der Fahrt geladene Energie bleibt näherungsweise konstant. Der Entladezustand für 50 Prozent der Fahrten reduziert sich auf Werte zwischen -0,31 und 0,01.

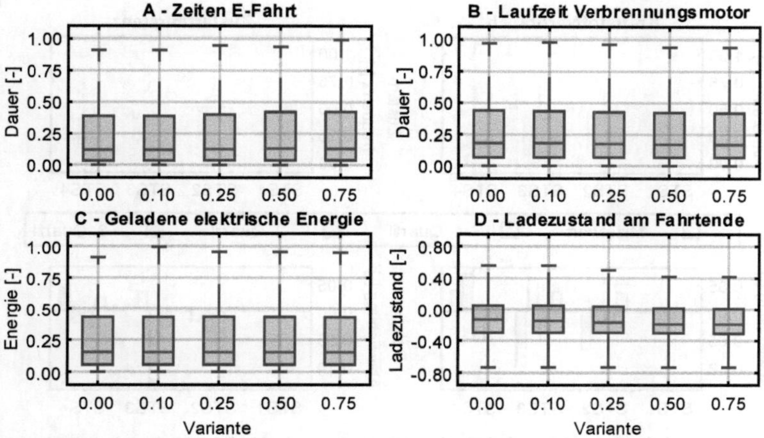

Abbildung A3.1: Variantenspezifische Verteilungen der Effekte zur Beeinflussung des Kraftstoffverbrauchs und der Zustartfrequenz bei steigender Leistungsschwelle für das Abschalten des Verbrennungsmotors in Antriebsphasen

A4. Evaluierungsfall C1

Die Evaluierung des Systemverhaltens im serienäquivalenten Betrieb wird nach Abbildung 6.20 in die Testfälle C_1 und C_2 untergliedert. Abbildung A4.1 zeigt die C_1-Ergebnisse aus vier STS. Die linke Spalte beschreibt die Kraftstoffverbrauchswerte; die rechte Spalte beschreibt die Zustartfrequenzen. In der oberen Zeile sind jeweils die Kenngrößen der 189 Einzelfahrten als Boxplots dargestellt. Die Daten sind auf das dritte Quartil und den 1,5-fachen Interquartilsabstand des STS1 normiert. Die untere Zeile beschreibt die Quotienten der Lagemaße in Bezug auf die Werte des STS1.

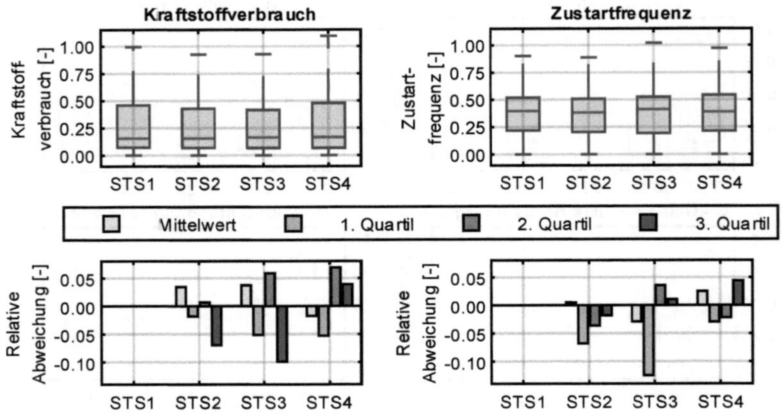

Abbildung A4.1: C1 – Vergleich des Datenstands E923730 in vier serienäquivalenten Testszenarien

Die Quartilswerte des Kraftstoffverbrauchs weisen eine wechselnde Charakteristik von höheren zu geringeren Werten gegenüber dem STS1 auf. Diese Variation resultiert aus den lokal variierenden Anforderungen in den Testszenarien. Es resultieren unterschiedliche Verteilungen von Fahrten mit höheren und geringeren Kraftstoffverbrauchswerten. Verstärkt wird dieser Effekt durch die Verteilung der Randbedingungen. Beispielsweise wird die Ladezustandskompensation ausschließlich ab Arbeitspunktniveau angewandt, womit die Energie aus der Traktionsbatterie im Depleting-Betrieb nicht in der Effizienzbetrachtung berücksichtigt ist. In Abhängigkeit der Testszenarien variiert die Definition von Einzelfahrten mit Startladezuständen oberhalb des Arbeitspunkts. Bei längeren Fahrten kann mehr Energie genutzt werden als bei kürzeren Fahrten. Die Kraftstoffmittelwerte variieren zwischen – 1,75 und 3,72 Prozent relativ zum Mittelwert des STS1. Die gemittelten Zustartfrequenzen zeigen ein ähnliches Verhalten für die getesteten Szenarien. Die Werte variieren zwischen -2,91 und 2,48 Prozent. Im STS2 werden die Quartilswerte reduziert. Der dennoch steigende Mittelwert deutet auf einzelne Fahrten mit hohen Zustartfrequenzen hin. Im STS3 sinkt der erste Quartilswert um 12,47 Prozent, womit die Fahrten mit der geringsten Zustartfrequenz deutlich tiefere Werte als im STS1 erreichen.

MIX
Papier aus verantwortungsvollen Quellen
Paper from responsible sources
FSC® C105338

FSC
www.fsc.org

If you have any concerns about our products,
you can contact us on
ProductSafety@springernature.com

In case Publisher is established outside the EU,
the EU authorized representative is:
Springer Nature Customer Service Center GmbH
Europaplatz 3, 69115 Heidelberg, Germany

Printed by Libri Plureos GmbH
in Hamburg, Germany